FAO中文出版计划项目丛书

# E-农业在行动：农业大数据

联合国粮食及农业组织
国际电信联盟 编著

董 程 译

中国农业出版社
联合国粮食及农业组织
国际电信联盟
2021 · 北京

FAO中文出版计划项目丛书

# 指 导 委 员 会

# 前　言

　　粮农组织和国际电信联盟继续齐心协力，推动可持续信息和通信技术（ICTs）在农业上的应用。

　　粮农组织和国际电信联盟采取三管齐下的方法来协助成员确定、发展和实施农业的可持续信息通信技术。首先，通过制定国家E-农业战略建立相关联系；其次，与合作伙伴一道，为方案的实施提供支持；最后，通过知识产品，如《E-农业在行动》丛书和两年一次的E-农业方案论坛，促进知识共享。

　　本书聚焦农业大数据，是《E-农业在行动》系列丛书的第四本。技术的发展，包括5G网络，将推动庞大的传感器网络基础设施和数据驱动农业的发展，而从各种数据流中提取有意义的见解以影响决策和为农业利益相关者提供可行性建议的挑战不断增大，本书试图阐明不同组织如何应对这些挑战。

　　本书中的文章由不同作者分别撰写，仅代表作者个人观点。我们试图维护每个贡献者的原始叙述风格。粮农组织、国际电信联盟和国际农业研究磋商组织（CGIAR）农业大数据平台均未宣传或认可文章中提及的任何声明、评论或产品。因此，本书致力于分享有关如何成功地将信息和通信技术应用于农业领域的知识，并希望读者秉承这种精神阅读案例分析汇编。

# 致　谢

　　本书是《E-农业在行动》系列丛书的第四本。这项艰巨任务的完成要归功于作者及所在组织的鼎力支持和的宝贵贡献。

　　粮农组织和国际电信联盟对国际农业研究磋商组织农业大数据平台在本书出版上给予的支持表示衷心感谢。分享使用新兴技术知识的重要性，无论怎样强调都不过分。

　　编者感谢粮农组织亚洲及太平洋区域办事处助理总干事兼区域代表Kundhavi Kadiresan和国际电信联盟亚洲及太平洋区域办事处区域主任Ioane Koroivuki的指导和支持。

　　粮农组织和国际电信联盟特别感谢以下作者及其所在组织：Dharani Burra（国际农业研究磋商组织农业大数据平台），Sanjay Srivastava（亚洲及太平洋地区经济与社会委员会，ESCAP），Zoe Maddison（新加坡Olam国际有限公司，Olam），Nina Getachew（美国家庭健康国际组织，FHI360），Kathryn Alexander（发展门户，Development Gateway），Julie Cheng（Harvesting），Bessie Schwarz和Anindita Chakraborty（Cloud to Street），Hiroshi Uehara和Atsushi Shinjo（WAGRI）。

# 目　录

文章1

# 数据驱动农业：大数据现象

据《福布斯》报道，我们每天产生近2.5百京（$2.5 \times 10^{18}$）字节的数据（Marr，2018）。截至2019年，全球一半以上的人口上网[①]产生的数据量巨大（图1）。物联网（IoT）使用的增加只会加剧数据泛滥。《经济学人》杂志恰当地将数据称为世界上最有价值的资源（《经济学人》，2017），也有人将之称为新石油（Reid，2017）。回顾过去，我们意识到组织或个人拥有能力通过获得有价值的数据并赚取金钱，或者更糟的是，将其滥用以获取个人和政治利益。

> 对于可持续发展和人道主义从业者而言，大数据和新技术具有巨大潜力，可帮助衡量项目和计划的有效性，并根据当地实际情况主动调整其实施。
>
> ——联合国全球脉动

大数据非常复杂，这使我们面临一个大问题：如何理解这些海量数据？我们如何分析数据模式以提取有实际价值的情报？我们存储了哪些数据，又忽略了哪些？人们需要从数据模式中获取有价值的见解（通常由机器学习协助）来影响决策或理解行为模式，因此，数据科学家成为最受追捧的专业人士之一也就不足为奇了（Holak，2019）。

## 一、大数据有多大

最公认的定义之一是高德纳公司于2012年提出的，将大数据定义为"需要新处理模式才能具有更强的决策力、洞察发现力和流程优化能力来适应海量、高增长率和多样化的信息资产"[②]。因此，大数据不仅需要拥有大量数据资产，还需要具有及时处理它们的能力和基础设施，并能从中提取有价值的见解（Ali等，2016）。

数据资产具有以下4个特点：

**大量**：当今可用的数据量巨大且仍在增长。这包括由人以及全球数十亿个传感器产生的数据，这些传感器每秒都在生成数据并与互联网互联互通，所谓的物联网即由此创建而成。

**高速**：数据创建、存储、处理、分析、可视化和发挥作用的速度都已提高到实时。大数据通常涉及整理以不同速度、在不同时间产生的数据，并包括各种突发事件。

**多样**：各种类别的数据资产都在不断增长，包括来自数据库、设备和传

---

① https://www.internetworldstats.com/stats.htm
② https://www.gartner.com/it-glossary/big-data/

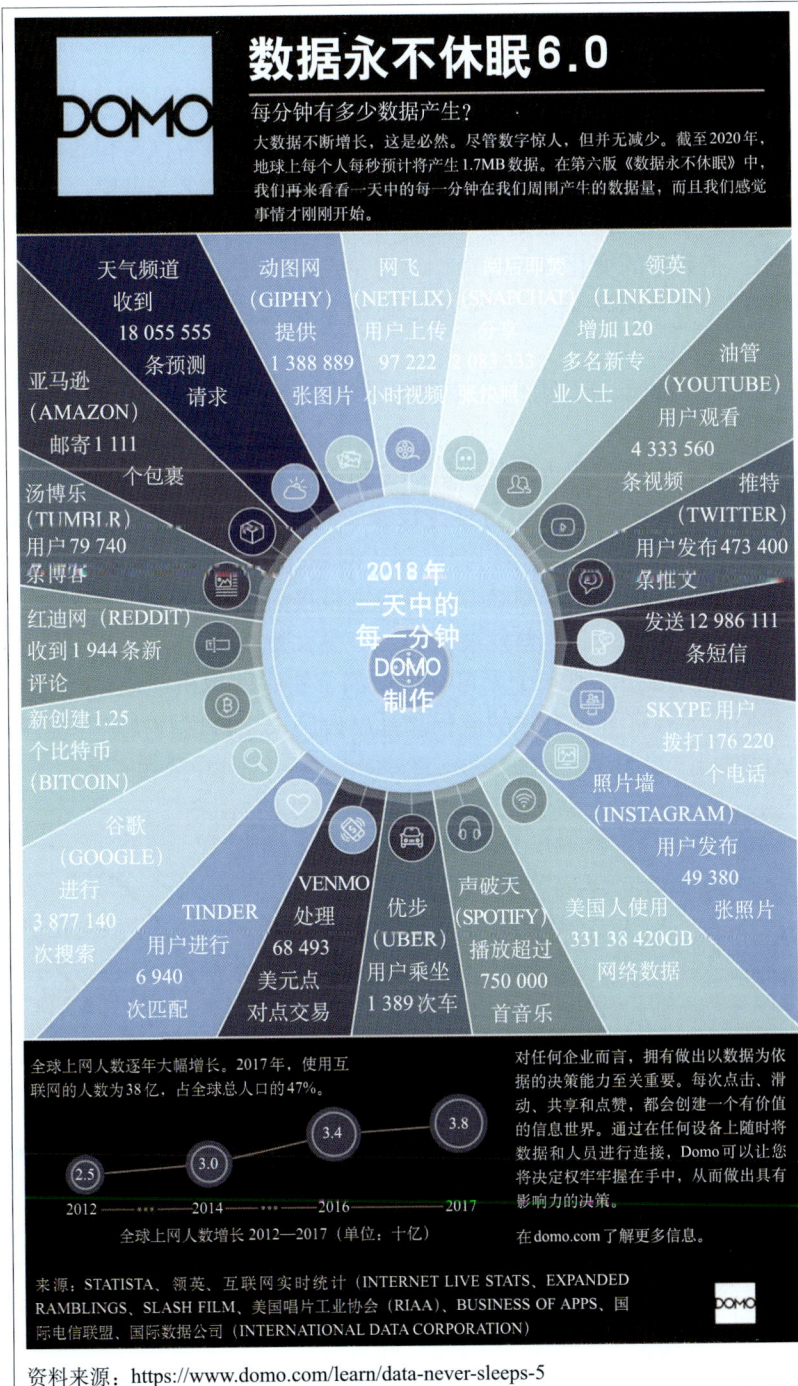

资料来源：https://www.domo.com/learn/data-never-sleeps-5

图1　数据永不休眠6.0

感器、日志、社交媒体、网站和帖子、图像、电子邮件通信以及音频和视频流（例如广播和电视）的结构化和非结构化数据。

**真实**：不仅数据的数量很重要，数据的质量（精准性）也很重要，并在从大数据中提取情报方面发挥着重要作用。数据源的可信赖度和通过去除异常和不一致来"清理"数据的过程对于提高数据的精准性至关重要。

许多组织和个人认为数据资产还具有以下延伸特点：

**波动**：指数据的变化率和寿命，这也决定了数据的存储时间。

**有效**：与真实性一样，有效性可确保数据流在所需时间正确用于预期用途。

**可视**：一图胜千言，因此希望使用图形和图表来传达复杂数据模式中包含的信息。

**价值**：从数据中获取价值是大数据分析的主要目标。

如何将大量数据转化为可行性建议来支持决策？内容的上下文非常重要。来自多个数据流和设备的数据组合应基于对数据上下文的明确理解。5G网络的引入为支持大规模传感器网络、增强的宽带接入以及超高可靠性的低延迟移动网络带来了巨大潜力。这些发展势必会产生大量数据，这些数据来自智慧城市、智能交通网络、农业和个人可穿戴产品，物联网也由此创建而成（图2）。同时，我们需要投资开发有效的流程和基础设施来支持这些技术并确保所生成数据的有效性。

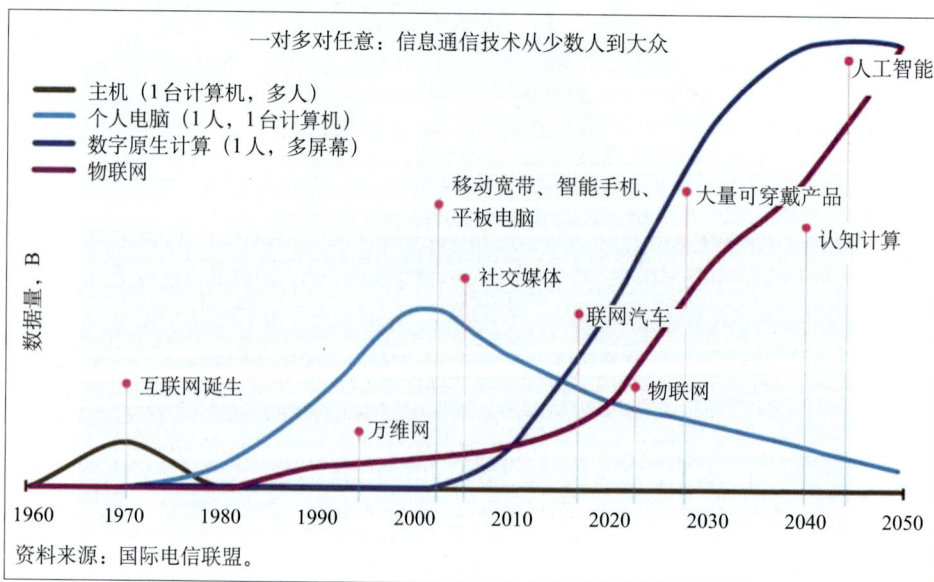

图2　互联网络的发展

数据整合至关重要，因为数据可以是大量结构化的和非结构化的，并且可能来自异构源。数据整合后，对大数据进行分析并提取见解所需的时间和精力将大大减少。大数据技术的标准化还可以简化互操作性，并且可以通过组合或关联两个不同的数据集来推动新见解的产生。国际电信联盟正在与伙伴合作，来规范与大数据有关的活动①。

## 二、大数据带来巨大挑战

数据隐私、相关安全性以及数据处理涉及的其他方面都至关重要，必须考虑每个地理区域中与数据隐私相关的法规。欧盟《通用数据保护条例》（GDPR）②概述了欧盟和欧洲经济区内所有关于个人数据保护和隐私的法规和欧盟法律。东盟（ASEAN）的个人数据保护框架为东盟成员国提供了一些数据保护准则③。德勤的一份报告④强调了东盟国家数据和隐私保护业务的重要性。这份报告特别指出，由于企业试图在一个无边界的互联网世界中遵守数据保护法规，全球化和数字化已成为一把双刃剑。不久前，处理、分析、存储和使用生成数据的地方并不一定在同一大陆上，如今，随着许多国家制定了管理个人数据收集、处理和存储的框架和法律，上述情况迅速发生了变化。在未经明确许可的情况下，将私有数据货币化的经济正受到严重压制。联合国工业发展组织（UNDG）已针对大数据制定了关于数据隐私、数据保护和数据伦理的通用准则，以实现2030年的可持续发展议程⑤。

在讨论数据的功能和价值时，也必须讨论如何处理数据隐私这一关键问题。几乎所有国家都制定了非常明确的准则、政策或基本原则来保护个人数据。全球律师事务所DLA Piper已对世界各地关于数据保护的各种法律进行了精编⑥。这本世界数据保护法律手册记载了全球100多个国家关于数据保护的法律、指南或框架⑦。

欧盟《通用数据保护条例》⑧对组织如何利用个人数据集进行了非常严格的规定，并给予个人对自身数据使用进行管理的权利。《通用数据保护条例》设置以下六项数据处理及保护原则：

**(1) 合法、公平和透明**：强调组织进行数据处理适用的法律需符合《通

---

① https://www.itu.int/en/ITU-T/techwatch/Pages/big-data-standards.aspx
② https://gdpr-info.eu/
③ https://asean.org/storage/2012/05/10-ASEAN-Framework-on-PDP.pdf
④ https://www2.deloitte.com/content/dam/Deloitte/sg/Documents/risk/sea-risk-data-privacy-in-asean.pdf
⑤ https://undg.org/wp-content/uploads/2017/11/UNDG_BigData_final_web.pdf
⑥ https://www.dlapiperdataprotection.com/
⑦ https://www.dlapiperdataprotection.com/#handbook/
⑧ https://gdpr-info.eu/

用数据保护条例》规定，收集数据需有正当理由，并且数据主体要充分了解收集和处理数据的目的。

（2）**目的限制**：第一项原则的扩展，对出于特定目的收集的个人数据使用（收集、处理和存储）进行限制。

（3）**数据最小化**：明确指出组织应仅收集实现其处理目标所需的必要信息（适当、相关且有限）。

（4）**准确性**：源于数据最小化原则，强调收集的个人数据应保持最新，并采取适当措施来确保数据准确，不准确或不相关的数据应删除。

（5）**限期存储**：规定个人数据的保留不得超过必要时间。当数据不再为业务所需时，应及时删除，否则将与准确性原则相冲突。

（6）**完整性和保密性**：明确要求使用技术和组织措施在安全性和保密性方面（防止非法处理、丢失、损坏等）对个人数据进行保护。

上述六项原则加以个人具有访问和管理自身数据的权利，使《通用数据保护条例》成为当今最强大的隐私法之一。

## 三、基础设施和数字安全

基础设施和数字安全也是一个主要关注点。一些国家正着手建立和维护一个大型公民生物识别数据库，例如印度的Aadhaar[①]，冈比亚的GAMBIS[②]，以及欧盟提议建立的通用身份信息库CIR（Cimpanu，2019）。这样的信息库对黑客来说非常诱人，巨大的数据宝库永远是有吸引力的目标。我们经常能听到主要政府数据库被黑客入侵的新闻。2015年，黑客从美国政府的数据网络中窃取了大约560万个指纹（BBC，2015）。2018年，印度Aadhaar的一个安全漏洞使许多人面临身份被盗用的风险（Doshi，2018）。大数据基础设施也容易出现此类漏洞导致数据泄露。因此，信息和基础设施安全性应该成为大数据基础设施管理的关键组成部分之一。

## 四、数据多与数据好

数据多并非总是好的。许多情况下，定期收集选定的数据流比无目的地收集大量数据集能提供更多价值。因此，当谈到大数据时，我们还需要强调对好数据的需求。如果基于不可靠或不连续的数据进行分析，那么我们将陷入废进废出的境地。分析在实现所收集数据的价值方面起着关键作用，如果没有设

---

① https://uidai.gov.in/
② http://gambis.gm/

计出有效且高效的算法来分离出可用情报，那么我们很可能会发现自己淹没在数据中，但却渴望获取知识。

## 五、收集、存储和组织数据

收集高质量数据是数据驱动型农业的基本组成部分。诸如完善农业和农村统计工作的全球战略①之类的举措有助于解决农业统计数量和质量下降的问题。KoboToolbox②之类的开源工具包为数据收集提供了简单、稳健和强大的工具。电脑辅助访谈（CAPI）③技术可协助政府、统计局和非政府组织使用平板设备进行动态结构的复杂调查。电脑辅助访谈技术开发由世界银行、比尔和梅琳达·盖茨基金会和粮农组织共同资助。Open Data Kit④社区提供免费的开源软件，用于在资源受限的环境中收集、管理和使用数据。

对于存储，在大多数情况下，基于云的大数据存储是自然的选择，因为这将促进云计算并极大地降低运营成本。MapReduce之类的算法通过并行的分布式计算工具用于处理和生成大数据集，从而实现了巨大的可扩展性。Hadoop集群是在分布式计算环境中工作的计算集群的一个示例，该计算集群可用于存储、分析和处理大量非结构化数据。

## 六、数据分析、建模和可视化工具

为了进行最佳分析并提取见解，适当地清理、分类和存储数据非常重要。数据专业人士的大部分时间应该用于数据准备上，以使其处于便于运行分析的最佳状态。

许多工具和平台都可用于准备数据，对其进行转换和建模以便于提取见解。诸如Knime⑤之类的解决方案为数据驱动型创新提供了一个开放的解决方案。OpenRefine⑥是用于处理非结构化数据的有用工具，它可以帮助用户轻松浏览大型数据集。R-Project⑦支持数据挖掘，并提供统计和图解技术，包括线性和非线性建模、经典统计测试、时间序列分析、分类、聚类等。Orange⑧允许开源机器学习和数据可视化。

---

① http://www.fao.org/economic/ess/ess-capacity/ess-strategy/en/
② https://www.kobotoolbox.org/
③ http://surveys.worldbank.org/capi
④ https://opendatakit.org/
⑤ https://www.knime.com/
⑥ http://openrefine.org/
⑦ https://www.r-project.org/
⑧ https://orange.biolab.si/

数据可视化有助于有效传达从大数据中产生的见解。对于可视化，Microsoft的 Power Bi[①] 提供了交互式可视化和业务分析。Tableau[②] 提供了一个分析平台，通过便利数据准备、分析和协作的分析流程来提取见解。Infogram[③] 有助于创建引人入胜的信息图表和报告，以使数据可视化。

## 七、前进之路

农业的知识密集度越来越高，通过整合不同来源数据而获得的知识，可用于得出有价值的可行见解。在农场层面，当今的农民必须处理大量数据，以便能够定期做出基于生计的决策。有关土壤健康、天气、灌溉、市场、预警系统、病虫害、资金或贷款可用性以及政府相关信息或补贴的数据都会对农场层面的决策产生影响。在省级或地区层面，政策制定者必须获得实时或接近实时的信息，包括市场价格、收获季节结束时特定作物的预计产量、政府计划（补贴）的受益者、预防病虫害、减灾等先发制人行动的效力等。在国家层面，质量数据将有助于设计有效的政策来帮助小农监测和消除价值链中的低效率，确保消费者获得优质产品和消除饥饿、营养不良并确保国家粮食安全。在全球层面，粮农组织、比尔和梅琳达·盖茨基金会和各国政府共同出资 5 亿美元，帮助发展中国家收集小农数据，以帮助其战胜饥饿和促进农村发展（Tollefson，2018）。同其他领域一样，农业将具有前所未有的能力来提取情报，并以实时、可靠的数据和有效的分析为基础，做出基于证据的决策。在价值链中引入新参与者和对现有参与能力提升进行投资将是政府必须应对的一些关键挑战。数据收集的新方式将带来以前无法实现的详尽见解。近期，联合国全球脉动探索利用社交媒体和公共广播机构的数据来提取见解，为预警系统和非洲的和平与安全进程提供信息（Hidalgo-Sanchis，2018）。

我们不应错过利用大数据中可行的情报来实现可持续发展目标的机会。如果不建立组织数据生态系统来利用我们拥有的大量数据并从中获取有价值的见解，那么我们将为自己的无所作为付出更大代价。

---

① https://powerbi.microsoft.com/en-us/
② https://www.tableau.com/
③ https://infogram.com/

## 【参考文献】

**Ali, A., Qadir, J., Rasool, R., Sathiaseelan, A., Zwitter, A. & Crowcroft, J.** 2016. Big data for development: applications and techniques, *Big Data Analytics* 1: 2. (Also available at https://doi.org/10.1186/s41044-016-0002-4).

**BBC.** 24 September 2015. Millions of fingerprints stolen in US government hack [online]. [Cited 15 February 2019]. https://www.bbc.co.uk/news/technology-34346802.

**Cimpanu, C.** 22 April 2019. EU votes to create giant biometrics database [online]. [Cited 28 April 2019]. https://www.zdnet.com/article/eu-votes-to-create-gigantic-biometrics-database/.

**DLAPiper.** 2014. Data protection laws of the world handbook: third edition [online]. [Cited 14 February 2019]. www.dlapiperdataprotection.com/#handbook.

**Doshi, V.** 2018. A security breach in India has left a billion people at the risk of identity theft. *Washington Post* 4 January 2018 (also available at https://www.washingtonpost.com/news/worldviews/wp/2018/01/04/a- security-breach-in-india-has-left-a-billion-people-at-risk-of-identity-theft/?utm_term=.fc94931e4afc).

**Economist.** 2017. The world's most valuable resource is not oil, but data. Print edition 6 May 2017 (also available at https://www.economist.com/leaders/2017/05/06/the-worlds-most-valuable-resource-is-no-longer-oil-but- data).

**Hidalgo–Sanchis, P.** 2018. Using big data to support peace and security efforts in Africa. United Nations Global Pulse. Blog 26 December 2018 [online]. [Cited 14 February 2019]. https://www.unglobalpulse.org/news/using- big-data-and-ai-support-peace-and-security-efforts-africa.

**Holak, B.** 2019. Demand for data scientists is booming and will only increase. TechTarget. Search Business Analytics 31 January 2019 [online]. [Cited 22 March 2019]. https://searchbusinessanalytics.techtarget.com/feature/ Demand-for-data-scientists-is-booming-and-will-increase.

**Marr, B.** 2018. How much data do we create every day? The mind-blowing stats everyone should read. *Forbes* 21 May 2018 [online]. [Cited 24 February 2019]. https://www.forbes.com/sites/bernardmarr/2018/05/21/how- much-data-do-we-create-every-day-the-mind-blowing-stats-everyone-should-read/#7e1ce72e60ba.

**Reid, D.** 2017. Mastercard's boss just told a Saudi audience that 'data is the new oil' CNBC News 20 October 2017 [online]. [Cited 2 March 2019]. https://www.cnbc.com/2017/10/24/mastercard-boss-just-said-data-is- the-new-oil.html.

**Tollefson.** 2018. Big data project aims to transform farming in world's poorest countries. News. *Nature: International Journal of Science* 24 September 2018 [online]. [Cited 4 February 2019]. https://www.nature.com/articles/d41586-018-06800-8.

## 【作　者】

Gerard Sylvester（杰拉德·西尔维斯特）
Gerard.Sylvester@fao.org
联合国粮食及农业组织

**1 无贫穷**

手机服务的支出模式可提供收入水平的替代性指标

**2 零饥饿**

众包或跟踪网上食品价格有助于近实时监控粮食安全

**3 良好健康与福祉**

绘制手机用户的移动图有助于预测传染病的传播

**4 优质教育**

公民报告可以解释学生辍学率

**5 性别平等**

对金融交易的分析可以反映支出模式以及经济冲击对男女的不同影响

**6 清洁饮水和卫生设施**

连接到水泵的传感器可以跟踪清洁水的获取

**7 经济适用的清洁能源**

智能计量使公用事业公司能够增加或限制电力、天然气或水的流量，以减少浪费并确保在高峰时段有充足的电力供应

**8 体面工作和经济增长**

全球邮政运输方式可提供诸如经济增长、汇款、贸易和GDP等指标

**9 产业、创新和基础设施**

来自GPS设备的数据可用于交通控制和改善公共交通

**10 减少不平等**

对本地广播内容的语音到文本分析可以揭示歧视问题并支持政策响应

**11 可持续城市和社区**

卫星遥感可以跟踪对公共土地或公园和森林等空间的侵犯

**12 负责任消费和生产**

在线搜索模式或电子商务交易可以反映向节能产品过渡的步调

**13 气候行动**

结合卫星图像，众包目击者描述和公开数据有助于跟踪森林砍伐

**14 水下生物**

海上船只跟踪数据可以反映非法、无管制和未报告的捕鱼活动

**15 陆地生物**

社交媒体的监控有助于利用有关受灾者位置、森林火灾或雾霾影响强度的实时信息来进行灾难管理

**16 和平、正义与强大机构**

社交媒体的情感分析可以反映公众对有效治理、公共服务提供或人权的看法

**17 促进目标实现的伙伴关系**

通过伙伴关系将统计数据、移动数据和互联网数据相结合，可以更好地实时了解如今高度互联的世界

资料来源：《数据隐私、道德与保护：关于实现2030年议程大数据的指导说明》http://undg.org/wp-content/uploads/2017/11/UNDG_BigData_final_web.pdf。

**数据分析如何支持可持续发展目标实现**

© Tom Fisk from Pexels

文章 2

# 大数据：向数字农业转变的范式

如今，随着可耕地面积减少、供应链日益复杂、气候变化加剧和不确定性增加，农业面临着养活不断增长的全球人口（预计到2030年人口数将达到85亿）的紧迫挑战。有证据表明，对于谷物主粮而言，气温每升高1摄氏度，粮食产量可能下降10%，甚至高达15%至17%（Wallace-Wells，2017）。向数字农业转变有助于提高粮食产量、减少粮食损失、提高农业供应链效率和改善食品配送及零售，而这些是我们通常提及的主要问题。

本质上，数字农业依靠高质量的数据来收集信息、改善决策、提供创新服务并加强农业部门利益相关者之间的交流。多年来，信息和通信技术的作用已经从使用电话、电视、广播、计算机和互联网进行终端用户通信，演变为使用传感器和数据分析来推动精准农业发展、提高产量和完善供应链、解决方案和管理方式。

信息的质量、粒度和多样性有助于提高农业部门的效率，并在相关部门中实现创新服务，例如支付、保险、信贷、人力资源管理、物流和国家补贴（图3）。根据数据类型和国家要求，这些数据集可通过许可或开放数据提供给第三方，而这或将加速创新、创造就业机会以及激励数字技能提升。

电话：交互式语音应答
计算机和网站：农业信息和市场
广播：专业知识分享、咨询和群体
卫星：天气、通用可访问性、遥感
手机：咨询、销售、银行、网络
互联网和宽带：知识分享、社交媒体、电子社区、银行、市场平台、贸易等
传感器网络：实时信息、更好的数据数量和质量、决策
数据存储和分析：精准农业、可行知识

资料来源：粮农组织、国际电信联盟。

图3　数字技术在农业中的作用不断变化

如今，越来越多的数据源正对推动数字农业服务和解决方案的创新发挥积极作用。农田中的传感器能够提供有关土壤状况的各种粒度数据点，以及有

关风、肥料需求、水供应和病虫害的粒度信息。拖拉机上的GPS装置有助于优化重型设备的使用（Schriber）（表1）。

**表1　工具和传感器的农业用途**

| 目标 | 示　　例 |
|---|---|
| 照相机 | 提供叶片健康、照明亮度、叶绿素测定和成熟度的图片，也用于测量叶面积指数（LAI）和土壤有机质和碳组成。 |
| 全球定位系统 | 提供用于农作物测绘、疾病/虫害位置警报、太阳辐射预测和施肥的位置。 |
| 传声器 | 有助于机器的预见性维护。 |
| 加速器 | 有助于确定叶片角度指数，并用作设备翻转警报。 |
| 传感器 | 可监测农作物温度、紫外线暴露度和湿度。通过设备温度、压力和声音可预测即将发生的故障。 |
| 回转仪 | 检测设备翻转。 |

资料来源：Schriber。

数据分析通过使供应链上产品更快、更高效地转化来避免损失。无人机可以巡逻和监视农田，并提醒农民作物成熟情况或潜在问题。基于自动识别技术的可追溯系统能够对供应链各阶段的农产品进行跟踪，从农场到堆肥或回收站（Wang等，2006）。可以监测单个农作物的养分和生长速率。数据分析可以根据盈利能力和可持续性，帮助农民确定最好的农作物。农业技术还可以帮助农民避免损失，甚至是钱财损失（Sparapani，2017）。

此外，信息和通信技术以及数据还可以通过以下功能提高整个供应链的决策能力：

- 地理位置和土地利用（例如GIS地图、卫星图像）；
- 数字身份和个人关联数据（例如农业补贴）；
- 金融服务（例如银行信息、数字支付）；
- 通信（例如电话、电子邮件、电视、广播、即时消息、网页、社交媒体）；
- 农业统计和数据库；
- 与农产品市场相关的数据（例如价格、供给、需求、进出口规则）；
- 咨询、认知和能力建设（例如良好的农业操作规范）；
- 物流数据（例如运输、冷藏库的可用性和位置）；
- 与灾害或虫害管理有关的数据（例如虫害和灾害警报和分析、与天气有关的灾害）；
- 整个价值链中的来源和信任（例如使用区块链的可追溯性）；
- 无源观测畜群和牲畜，以监视其健康和福祉，识别患病个体，甚至可能使用人工智能（AI）和机器学习（ML）模型进行治疗。

数据集的大小、速度和复杂性使传统的分析工具变得过时，并创建了大数据的新范例（插文1）。另一个变化是"开放数据"，即可公开访问的数据，个人、企业和组织可利用其来进行新的风险投资、分析模式和趋势、做出基于数据的决策以及解决复杂问题。从技术上讲，这需要：

- 数据发布：支持机器可读性、数据格式和许可的元数据；
- 数据查找：数据标识、数据语义和数据访问；
- 数据起源[①]：数据质量、数据沿袭跟踪、检查、验证和数据版本控制。

---

### 插文1　大数据：定义和特点

定义：由大量异质数据集组成，一种可在实时约束下实现收集、存储、管理、分析和可视化的范式。

特点：

| 大　量 | 多　样 | 高　速 |
|---|---|---|
| 大数据技术可收集、存储、分析和可视化大量数据 | 大数据技术可处理不同的数据类型和数据格式 | 数据收集速度以及利用大数据技术处理数据达到预期结果的速度 |

此外，一些论者还加入"真实"（数据的不确定性）和"价值"（利用大数据技术从新信息中获得的经营成果），也可以加入其他特点。

资料来源：国际电信联盟-T Recommendation Y.3600。

---

大数据是一种范式变化，对全部可持续发展目标都有影响。特别是在全球变暖的情况下，收集、整理和使用大数据来建立农作物产量的高级模型，甚至进行农作物产量的机器学习的能力是另一步骤。先进的计算机模拟技术已用于建模和绘制气候变化的影响，绘制墨西哥农村地区的贫困状况，绘制印度农村地区的电气化情况，以及亚马孙河流域和马来西亚的农作物产量和森林砍伐情况。

利用收集到的数据的关键条件是数据和信息系统的共享和互操作性（图4）。各国采用了电子政务互操作性框架，以实现更好地共享和互操作。例如亚太经济体中的阿富汗、澳大利亚、不丹、印度和新西兰等已经采用电子政务互操作性框架。对来自农业部门和非农业部门的有价值、多类型和大批量数据的互操作和再次利用仍然是一个关键挑战，这也是粮农组织和国际电信联盟在支持各国制定E-农业战略方面的经验。

---

① 根据大数据生态系统中的数据生命周期作业，记录数据历史路径的信息。数据生命周期作业包括数据生成、传输、存储、使用和删除。数据起源信息提供有关数据源的详细信息，例如负责提供数据的人员、应用于数据的功能以及有关计算环境的信息。相关信息请参见国际电信联盟，2018c。

摘要：将农民与市场信息、产品和相关服务联系起来，以提高农民收入

部门：农业

绘制的可持续发展目标：

1　到2030年，消除饥饿，确保所有人，特别是穷人和弱势群体，包括婴儿，全年都有安全、营养和充足的食物。

2　到2030年，消除一切形式的营养不良，包括到2025年实现5岁以下儿童发育迟缓和消瘦问题相关国际目标，解决青春期少女、孕妇、哺乳期妇女和老年人的营养需求。

3　到2030年，实现农业生产力翻倍和小规模粮食生产者，特别是妇女、土著居民、农户、牧民和渔民的收入翻番，具体做法包括确保平等获得土地、其他生产资源和要素、知识、金融服务、市场以及增值和非农就业机会。

1.对农民数字市场的认识

背景

客户沟通

消息服务

农民

3.在农民数字市场进行购买/销售交易

买卖双方之间的金融交易

金融服务

人工智能
支付服务
消息服务
注册
工作流服务

2.在农民数字市场注册并创建个人资料

在市场注册

身份识别和注册
客户沟通市场

消息服务
身份识别和验证服务
应用商店
注册服务
注册
GIS服务

用例步骤　工作流　构建模块

资料来源：国际电信联盟，2019。

图4　农民数字市场的市场关联

注：Raghu，一名小农，使用作为更广阔数字市场一部分的各种数字系统。

15

在应对气候变化的过程中，大数据和开放数据还可以用于帮助城市绿化，并在城市中心扩展范围内推动公园和人工林建设。例如，trees.sg已编译了一个包含50万棵城市树木的数据库，对树种、健康情况、花期甚至修剪时间进行了分类，这将使新加坡能够监测树木的生长及受损情况，并使公民参与树木养护工作（新加坡政府科技，2018）。

## 一、大数据技术给数字农业带来哪些好处

大数据技术和服务具有显著的优势（图5），可以解决数据异质和不完整问题，但大数据对处理大量且快速增长数据量的需求、及时性要求以及隐私关注等问题带来了挑战。

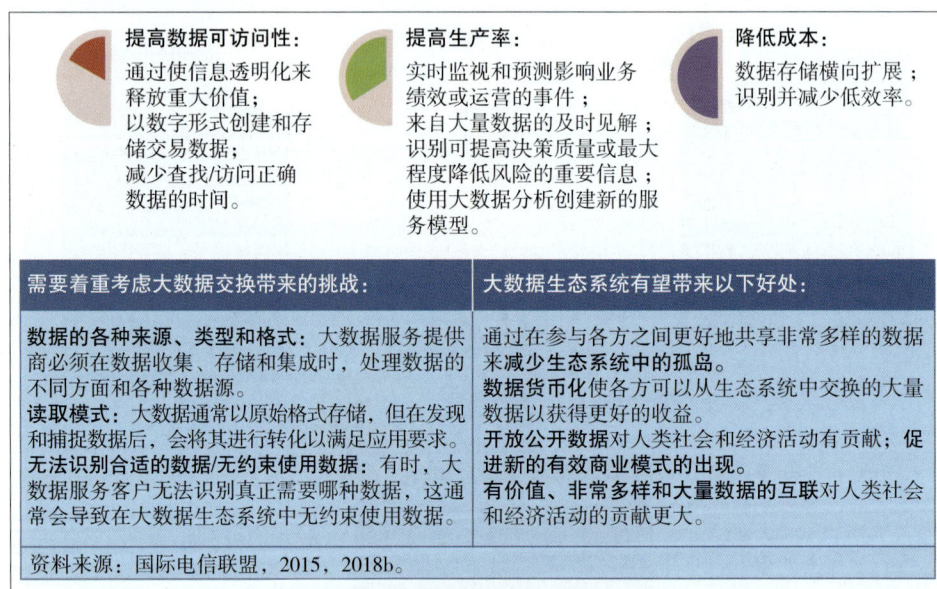

| 提高数据可访问性：通过使信息透明化来释放重大价值；以数字形式创建和存储交易数据；减少查找/访问正确数据的时间。 | 提高生产率：实时监视和预测影响业务绩效或运营的事件；来自大量数据的及时见解；识别可提高决策质量或最大程度降低风险的重要信息；使用大数据分析创建新的服务模型。 | 降低成本：数据存储横向扩展；识别并减少低效率。 |
| --- | --- | --- |
| **需要着重考虑大数据交换带来的挑战：** | | **大数据生态系统有望带来以下好处：** |
| **数据的各种来源、类型和格式**：大数据服务提供商必须在数据收集、存储和集成时，处理数据的不同方面和各种数据源。<br>**读取模式**：大数据通常以原始格式存储，但在发现和捕捉数据后，会将其进行转化以满足应用要求。<br>**无法识别合适的数据/无约束使用数据**：有时，大数据服务客户无法识别真正需要哪种数据，这通常会导致在大数据生态系统中无约束使用数据。 | | 通过在参与各方之间更好地共享非常多样的数据来减少生态系统中的孤岛。<br>**数据货币化**使各方可以从生态系统中交换的大量数据以获得更好的收益。<br>**开放公开数据**对人类社会和经济活动有贡献；促进新的有效商业模式的出现。<br>**有价值、非常多样和大量数据的互联**对人类社会和经济活动的贡献更大。 |
| 资料来源：国际电信联盟，2015，2018b。 | | |

图5  大数据的优势和挑战

大数据还推动了人工智能、机器学习、云计算、分布式账本技术（DLT）（例如区块链）和物联网等新技术的使用。例如：

- 各种基于物联网的应用程序将改善农业流程，使农场变得更智能，例如精准农业、无人驾驶拖拉机、农业无人机/机器人、监控、智能灌溉和智能温室；
- 智能和精准的农业应用程序使用人工智能来分析其他机器（例如无人机或传感器）捕捉的数据，建立模型和策略性推理（例如是否开始收获或喷撒农药），并激活其他智能机器（例如进行农田灌溉的远程操作泵组，

农场机器人或自动驾驶拖拉机）；

● 机器视觉（图像识别）用于诊断有害生物或土壤缺陷（国际电信联盟，2019）。

普通农场每天生成的数据量正在急剧增加（Meola，2016），并显示出人工智能在这方面的潜力。例如，有人提出算法可以识别14种不同物种中的26种植物病害，准确度达99%（Mohanty等，2016）。

大数据与云计算服务的集成带来更多好处：**可伸缩性**（允许大数据服务用户轻松快速地扩大或缩小资源规模）；**弹性**（在遇到影响系统正常运行的故障时，有助于维持可接受的服务水平）；**成本效益**（降低存储和分析成本）；**有效分析和深层信息提取**。

## 二、谁是大数据农业生态系统中的关键角色

大数据生态系统（图6）由数据提供者（包括数据拥有者和数据中介机构）、大数据服务供应商和大数据服务客户组成。

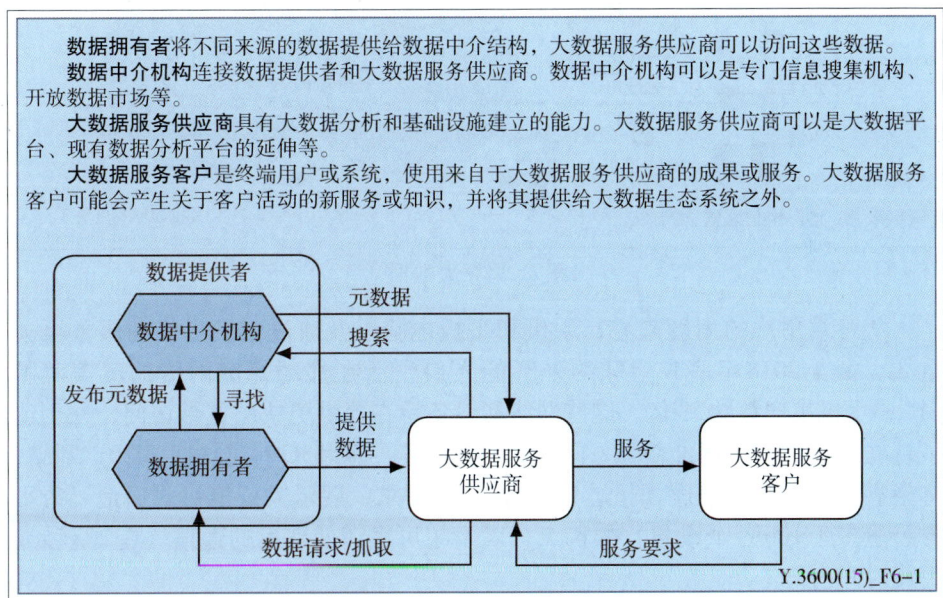

**数据拥有者**将不同来源的数据提供给数据中介结构，大数据服务供应商可以访问这些数据。

**数据中介机构**连接数据提供者和大数据服务供应商。数据中介机构可以是专门信息搜集机构、开放数据市场等。

**大数据服务供应商**具有大数据分析和基础设施建立的能力。大数据服务供应商可以是大数据平台、现有数据分析平台的延伸等。

**大数据服务客户**是终端用户或系统，使用来自于大数据服务供应商的成果或服务。大数据服务客户可能会产生关于客户活动的新服务或知识，并将其提供给大数据生态系统之外。

Y.3600(15)_F6-1

图6 大数据利益相关者

## 三、通过网络传递大数据

当从不同来源（例如计算机终端和服务器、智能手机、传感器、设备、

17

机器、车辆）收集到的信息，通过电信网络基础设施（短信、光纤、无线电、手机、铜缆、卫星）传送，存储在云端，并能在各种服务之间共享，大数据才实现真正价值。收集到的信息还可用于改善网络本身的性能，并为用户提供有价值的见解（图7）。

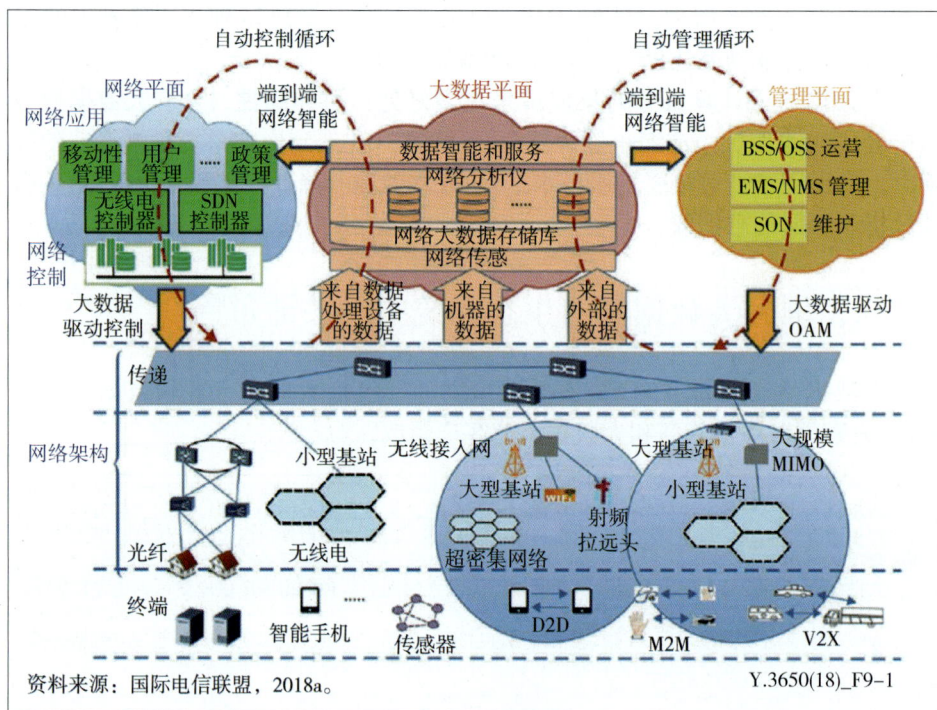

图7　网络大数据

从终端用户的角度来看，手机和平板电脑以及通过它们提供的服务至关重要。截至2018年底，全球约96%的人口生活在移动蜂窝网络的覆盖范围内[①]，手机用户数约53亿。这些网络和设备旨在提供更快的宽带访问，并创造了现在所谓的"应用经济"。下一代移动网络，称为5G（或IMT-2020）网络，有望满足移动宽带增速（超过10 Gbps）的需求，展示大规模机式通信（每平方公里多于100万个设备）的特点，以及超可靠和低延迟的通信（在1毫秒或更短时间内）。

在农业领域，5G和高度互联性使一系列新型创新服务得以利用感测、物流、智慧农业、工业自动化、远程疾病检测，增强与虚拟现实（VR）等功能。大数据功能和完善的生态系统是数字农业的基础，标准化是营造这种协同环境，推动经济规模和范围按预期发展的关键驱动力。

① 国际电信联盟《连通目标2030议程》旨在实现到2023年宽带服务覆盖全球96%的人口。

## 四、大数据标准化工作

标准化需要在国际和国家两个层面进行利益相关者协调（公共和私人）。但是，必须指出的是，标准化是一项持续的工作，只有在强制（由国家标准化组织或组织政策、法规规定）或自愿采用时才能开展。

在大数据方面，包括国际电信联盟电信标准化部门（ITU-T）13、17和20工作组（SG13、SG17）、国际标准化组织（ISO / IEC JTC 1）、万维网联盟（W3C）、结构化信息标准促进组织（OASIS）技术委员会（TCs）、数据挖掘小组（DMG）、电信管理论坛（TM Forum，前身为TeleManagement Forum）在内的标准化组织（SDOs）已取得重大进展。

标准化体系框架和差异分析可视为由两个轴组成的矩阵（表2），其中包括：

- 包括一般定义在内的内容；拥有一般性解释或术语和定义的技术的标准；通用需求、用例；架构；应用程序接口（API）、界面、配置文件；数据模型、格式、模式；其他（例如指南、技术报告）。
- 支持大数据的相关技术，包括大数据的基本概念及其应用；数据交换、数据流动；数据集成；分析/可视化；数据起源/元数据/信任；安全/隐私数据保护，尤其是个人身份信息；应用；网络和基础设施及其他大数据相关技术。

此外，农业部门的特征是使用各种各样的机器和繁琐的过程。在农业生产过程中机器的闲置时间、次优的机器利用率和错误的计划会导致问题产生。不同制造商生产的机器不兼容引发其他问题，需要一种标准的通信语言来支持各种各样机器之间的通信。

## 五、大数据安全和隐私

在大数据环境中，对安全和隐私的要求越来越多，这在很大程度上是由于其分布式的特性和先进的技术特性。来自不同行业、不同类型来源的数据，大小各异且受不同安全和法律环境的约束。例如，诸如国家生物识别身份和个人档案之类的数据在某些国家/地区受数据隐私法的约束，并且在国际和国家/地区层面受到越来越多的监管和关注。在新环境中，人们越来越依赖基于物联网的传感，这会产生新的漏洞。

大数据由于其高价值也吸引了更多关注。在安全性和隐私性方面，与大数据有关的一些挑战是：分布式编程框架下的安全计算；安全的数据存储和交易日志；端点输入验证/过滤和数据起源；实时安全/合规监控；可扩展且可组合的隐私保护数据挖掘和分析以及匿名化和取消身份验证。

表2　大数据标准化矩阵①

| | 综述/定义 | 通用需求/用例 | 架构 | API、界面和配置文件 | 数据模型、格式、模式 | 其他（如指南） |
|---|---|---|---|---|---|---|
| 基本概念及其应用 | ITU-T Y.3600<br>ISO/IEC 20546<br>ISO/IEC 20547-1 | ITU-T Y.3600 | ITU-T Y.3519 ITU-T Y.BD-arch<br>ISO/IEC 20547-3 | | | |
| 数据交换、数据流动 | ITU-T Y.3601<br>ISO/IEC 19944<br>ISO/IEC 22624<br>ISO/IEC 23751 | ITU-T Y.3601<br>ISO/IEC 22624<br>ISO/IEC 23751 | | | OASIS AMQP 1.0<br>OASIS MQTT 3.1.1 | |
| 数据集成 | ITU-T Y.bdi-reqts | ITU-T Y.bdi-reqts | | | W3C DCAT<br>W3C JSON-LD 1.0<br>W3C LDP 1.0<br>W3C RDF 1.1<br>W3C OO | |
| 分析/可视化 | | | | DMG PFA | DMG PMML 4.3<br>DMG PFA | TMF BDAG |
| 数据起源/元数据/信任 | ITU-T Y.3602 | ITU-T Y.3602<br>ISO/IEC TR 23186 | | | ITU-T Y.bdm-sch<br>W3C MVTD<br>W3C MTDMW | |
| 安全/隐私数据保护 | ITU-T X.1601<br>ITU-T D.princip_bigdata<br>ITU-T X.mdcv<br>ISO/IEC 27000<br>IEO/IEC 29100 | ITU-T X.1147<br>ISO/IEC 20547-4<br>ISO/IEC 27001 | | | ISO/IEC 27002<br>ISO/IEC 27018 | ITU-T X.1641<br>ITU-T X.GSBDaaS<br>ITU-T X.sgBDIP<br>ITU-T X.sgtBD |
| 应用 | | ITU-T F.VSBD<br>ISO/IEC 20547-2 | ITU-T H.VSBD | | | |
| 网络和基础设施 | ITU-T Y.bDPI-Mec<br>ITU-T Y.3650 | ITU-T Y.IoT-4114<br>ITU-T Y.Sup.50 ITU-T Y.bDDN-req<br>ITU-T Y.BDDP-reqts<br>ITU-T F.AFBDI<br>ITU-T Y.3505 | ITU-T Y.3302<br>ITU-T Y.bDDN-FunArch | | | ITU-T Y.3651 |
| 其他 | | | | | | ITU-T Study-bigdata<br>ISO/IEC 20547-5 |

① ITU-T Y.sup.bdsr2附录修订草案：大数据保准化路线图附录 (https://www.itu.int/md/T17-SG13-190304-TD-WP2-0394/en)

　　美国国家标准技术研究所（NIST）对一些安全和隐私问题进行了概述（图 8），这些问题与一些关键的 NIST 大数据参考架构（NBDRA）组件和接口有关。

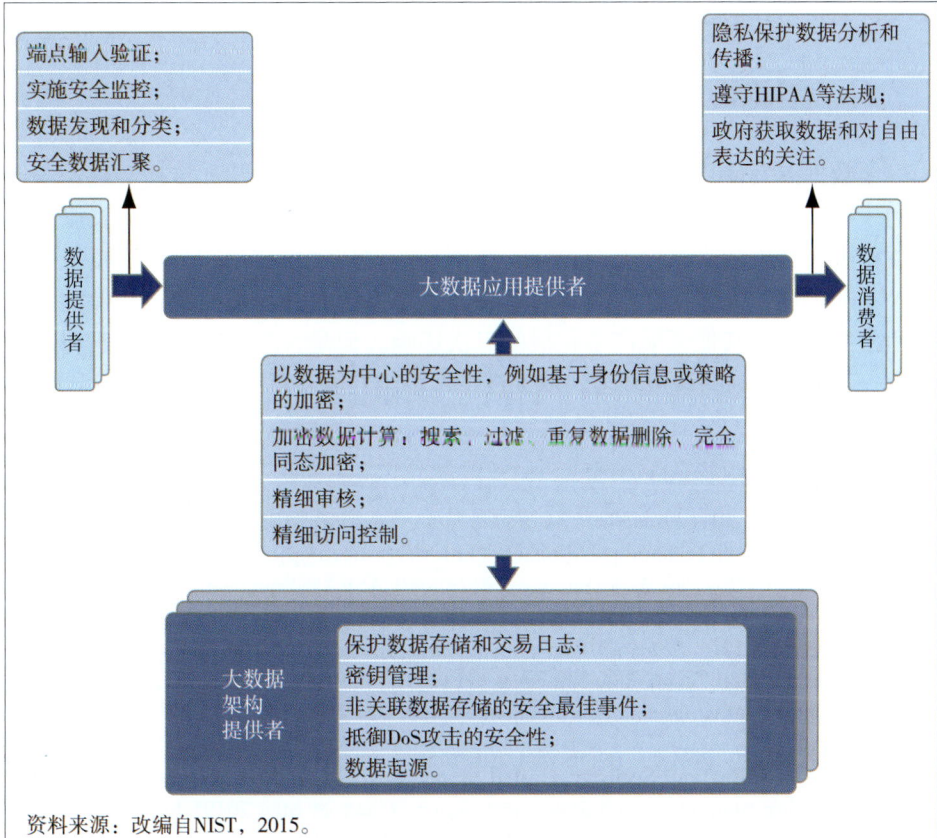

图 8　覆盖到 NBDRA 的国家安全和隐私结构

　　新的数据驱动型 E- 农业解决方案使利益相关者面临新的风险。美国国土安全部（DHS，2018）的一份报告指出，通过使用信息安全的"机密性、完整性和可用性"模型确定了精准农业的主要威胁。例如，故意篡改数据可能会扰乱种植业或畜牧业，将恶意数据引入传感器网络可能会破坏农作物或畜群。

　　数字农业解决方案必须尊重并适应现行的国家隐私和安全框架，这一点很重要。例如，欧盟自 2018 年 5 月 25 日起实施了《通用数据保护条例》（GDPR），在欧盟境内或与欧盟公民有关的农业应用均受该条例约束。东盟电信和信息部长会议（TELMIN）在 2016 年通过了个人数据保护框架（东盟秘书处，2016），并于 2018 年批准了数字数据治理框架（东盟秘书处，2018）。

　　关于数字农业，一些国家可能不希望有关本国粮食供应或农业风险与脆弱性的某些数据或信息通过开放的数据门户变得众所周知，或者可能要求将这些数据存储在本地。数据也可以由不同的利益相关者以不同的方式来利用，例如，一些商业公司利用撒哈拉以南非洲干旱情况或作物单产的卫星图像和机器学习模型，来在商品期货和期权市场上获利。

## 六、结论

大数据以及使用大数据进行农业建模的能力，正在创建和传播实现农业创新的一种新技术范式。使用可互操作的海量和多样化数据源的能力为农业及其利益相关者的生活带来巨大的希望，特别是考虑到气候变化和全球变暖带来的额外不确定性。大数据还将新参与者带入生态系统，并可能对银行、保险、物流和公共服务等其他领域产生积极的二次影响。但是，政府需要与农业利益相关者一起营造有利的政策环境，以促进生态系统发展并解决隐私和安全问题。

## 【参考文献】

**Asean Secretariat.** 2018. *Framework on digital data governance.* ASEAN Telecommunications and Information Technology Ministers (TELMIN) meeting [online]. Jakarta. [Cited 24 May 2019]. https://asean.org/storage/ 2012/05/6B-ASEAN-Framework-on-Digital-Data-Governance_Endorsedv1.pdf.

**Asean Secretariat.** 2016. *Framework on personal data protection.* ASEAN Telecommunications and Information Technology Ministers (TELMIN) meeting [online]. Jakarta. [Cited 24 May 2019]. https://asean.org/wp-content/ uploads/2012/05/10-ASEAN-Framework-on-PDP.pdf.

**Department of Homeland Security. United States of America.** 2018. *Threats to precision agriculture* [online]. United States of America. [Cited 24 May 2019]. https://www.dhs.gov/sites/default/files/publications/ 2018%20AEP_Threats_to_Precision_Agriculture.pdf.

**Gov Tech Singapore.** 2018. *The inside story of how NParks mapped 500,000 trees in Singapore on trees.sg* [online]. Singapore. [Cited 24 April 2019]. https://www.tech.gov.sg/media/ technews/the-inside-story-of-how-nparks- mapped-500000-trees-in-singapore-on-treessg?utm_source=newsletter&utm_medium=email3&utm_ campaign=23Apr19.

**Huawei. no date.** *The connected farm: a smart agriculture market assessment* [online]. India. [Cited 24 April 2019]. https://www.huawei.com/-/media/CORPORATE/Images/PDF/v2-smart-agriculture-0517.pdf?la=en.

**ITU.** 2019. *SDG digital investment framework: a whole government approach to investing in digital technologies to achieve the SDGs.* Geneva, International Telecommunication Union. (Also available at https://www.itu.int/ dms_pub/itu-d/opb/str/D-STR-DIGITAL.02-2019-PDF-E.pdf).

**ITU.** 2018a. Series Y: Global information infrastructure, Internet protocol aspects, next-generation networks, Internet of things and smart cities. Cloud computing. *Framework of big-data-driven networking. Recommendation ITU-T Y.3650* [online]. [Cited 23 May

2019]. https://www.itu.int/rec/T-REC-Y.3650-201801-I/en.

ITU. 2018b. Series Y: Global information infrastructure, Internet protocol aspects, next-generation networks, Internet of things and smart cities. Cloud computing. *Big data – Framework and requirements for data exchange. Recommendation ITU-T Y.3601* [online]. [Cited 23 May 2019]. https://www.itu.int/rec/T-REC-Y.3601-201805- I/en.

ITU. 2018c. Series Y: Global information infrastructure, Internet protocol aspects, next-generation networks, Internet of things and smart cities. Cloud computing. *Big data – Functional requirements for data provenance. Recommendation ITU-T Y.3602* [online]. [Cited 23 May 2019]. https://www.itu.int/rec/T-REC-Y.3602-201812-I.

ITU. 2015. Series Y: Global information infrastructure, Internet protocol aspects, next-generation networks, Internet of things and smart cities. Cloud computing. *Big data – Cloud computing based requirements and capabilities. Recommendation ITU-T Y.3600* [online]. [Cited 23 May 2019]. https://www.itu.int/rec/T-REC-Y.3600-201511-I.

Meola, A. 2016. Why IOT, big data and smart farming are the future of agriculture. *Business Insider* 26 December 2016 [online]. [Cited 25 April 2019]. https://www.businessinsider.com/internet-of-things-smart-agriculture-2016-10.

Mohanty, S.P., Hughes, D. & Salathe, M. 2016. *Using deep learning for image-based plant disease detection* [online].United States of America. [Cited 24 May 2019]. https://arxiv.org/pdf/1604.03169.pdf.

The National Institute of Standards and Technology (NIST). 2015. *NIST big data interoperability framework: volume 4, security and privacy.* NIST Special Publication 1500-4 [online]. United States of America. [Cited 26 May 2019]. https://nvlpubs.nist.gov/nistpubs/SpecialPublications/NIST.SP.1500-4.pdf.

Schriber, S. no date. *Smart agriculture sensors: helping farmers and positively impacting global issues, too* [online] United States of America. [Cited 23 April 2019]. https://www.mouser.ch/applications/smart-agriculture- sensors/.

Sparapani, T. 2017. How big data and tech will improve agriculture, from farm to table. *Forbes*, 23 March 2017 [online]. United States of America. [Cited 23 April 2019]. https://www.forbes.com/sites/timsparapani/2017/ 03/23/how-big-data-and-tech-will-improve-agriculture-from-farm-to-table/#54bffa505989.

Wallace–Wells, D. 2017. The uninhabitable earth. *New York Magazine* 10 July 2017. (Also available at http:// nymag.com/intelligencer/2017/07/climate-change-earth-too-hot-for-humans.html).

Wang, N., Zhang, N. & Wang, M. 2006. Wireless sensors in agriculture and food industry–recent development and future perspective. *Computers and Electronics in Agriculture*, 50(1): 1–14. DOI: 10.1016.j.compag.2005.09.003.

## 【作　者】

Ashish Narayan（ashish.narayan@itu.int），Hani Eskandar
（hani.eskandar@itu.int）和 Phillippa Biggs（phillippa.biggs@itu.int）
国际电信联盟（ITU）

文章 3

# 开启数据驱动的数字革命

　　数字革命在技术进步的帮助下，尤其是在数据捕捉/传递、存储、访问和分析过程中，正在推动信息社会的发展，即基本服务主要依靠数据支撑的社会。对许多人来说，这已经是一种新常态，例如，出门前用谷歌地图查看实时路况和最优路线，几乎所有能上网的人都可以使用谷歌地图等智能解决方案，而且，这种智能解决方案也开始对小农的生活产生影响，他们面临着许多严重的风险，例如气候和融资需求带来的风险。小农也开始从技术中受益，哥伦比亚水稻种植户的案例很有启发性。2005—2013年，哥伦比亚大米产量从每公顷6吨下降到5吨。专家将这种变化主要归因于天气模式的变化，它可以使单产降低30%～40%。哥伦比亚的一些问题（和机遇）是农民没有及时获得天气预报和智能决策支持系统。来自国际热带农业中心气候变化、农业和粮食安全（CCAFS）项目的一组科学家，与国家农业推广体系和水稻合作社合作，对历史气候和这些农民作物管理做法之间的复杂关系进行了分析。在获得新的见解后，他们利用天气预报科学建立了决策支持系统，农民可以通过水稻合作社来使用。2014年初的观点是，当年的第一个播种季不利于实现最佳单产，但第二个播种季可以。合作社发布一份咨询说明，建议农民在2014年第一季不要种植水稻，大约170名农民听取了该建议，合作社避免了近170万美元的损失（CCAFS，2014）。这只是众多案例的一个，数据和数字技术正在彻底改变为贫困农民和小农提供的关键和基本服务，这些农民贡献了全球粮食产量的30%～34%（Ricciardi等，2018）。

　　本文评估了数据和数字技术如何通过整个农业价值链上利益相关者的智能化数字解决方案，改变与农业相关的生计水平，并达到一定规模。小农数据生态系统由捕捉、存储、分析和开发新服务的流程和利益相关者组成，见证了电子档案、数据仓库和数据湖的产生。这使得用户可以通过高分辨率时空监视价值链中从生产到销售的几乎所有环节，来提升对价值链的理解。此外，显而易见，合并存储在数据湖和数据仓库中的多个数据源和高级分析有助于为价值链上利益相关者提供智能服务。本文还试图分析促成小农相关农业价值链数字化转型的因素。

　　数字革命的一个挑战是，数据生态系统中有各种各样的解决方案提供者，每个提供者都拥有自己的、不可互操作的数据仓库和数据湖。我们可以预见一个机遇，基于使这些多样化的数据仓库和数据湖可查找、可访问、可互操作和可重用（FAIR），开发更智能、更高级的监测和决策支持系统。

## 一、小农及其价值链现状和制约因素

　　粮农组织将"小农"定义为"拥有土地面积不超过两公顷的农民"

（Lowder 等，2016）。据估计，全球有12%～24%的农业面积由5.7亿小农管理，然而，最近的一项研究表明，全球大约40%的农业面积由小农管理（Lesiv 等，2019）。虽然上述估计存在偏差，但世界上有很大一部分人口从事小农农业，而小农生产的粮食在全球所消费的粮食份额中占比也相当大。具有讽刺意味的是，尽管小农对世界人口的福祉很重要，但他们仍处于经济金字塔的底端，每天生活费不足两美元（世界银行，2016），他们的家庭经常处于严重营养不良状态（粮农组织，2014）。这种差距也对粮食体系（可持续的粮食生产、粮食供应和获取）产生影响，因为有大量证据表明，小农社区内部迁移（农村之间或农村向城市迁移）不断增加。这种内部迁移是由农民无力承担疾病或贫困带来的压力和冲击造成的，而这将继续对全球粮食生产产生不利影响（粮农组织，2018）。为确保给所有人提供一个可持续且公平的粮食体系，整个与小农关联的价值链亟待提升[①]。

农产品销售收入通常是小农唯一的收入来源，这意味着他们的家庭收入与农业生产力密切相关。小农处于经济金字塔底端的主要原因在于其影响生产力因素存在不确定性，小农适应能力欠缺。根据这些因素引发问题的程度，小农农业体系的风险大致可分为以下几种：市场价格，如投入成本和销售价格的变化；生产情况，随着生物因素（虫害、疾病）和极端气候因素（干旱、洪水）而变化；财政问题，如利率的意外变化或非农收入的变化以及制度和法律冲击，以及土地使用法规和政策的突然变化（Cervantes-Godoy 等，2013）。关于农民对导致生产力风险的因素的看法，最近的多元分析和全球文献综述表明，大约55%的农民认为与天气有关的风险是首要因素，其次是病虫害冲击（生物安全风险）和人为风险，如家庭或农场劳动力的流失（Duong 等，2019）。此外，显而易见生产力风险是复杂的，而且往往都是相互关联的。

## 二、小农及其价值链的数字化转型机遇

数字化转型在社会中十分普遍。信息通信技术的进步使小农也有所受益。数字联通已经有很大进步，在某些情况下，它已经超越了传统的物理联通渠道。虽然仍然存在许多地理位置偏远的地方传统农业推广服务很少见到，但是这些偏远地区的小农至少已经具备通过移动电话进行数字联通的基本水平。

小农面临的大部分风险通常是因为无法获得及时、透明的可用信息，这些信息包括投入的类型或成本以及当季咨询和季后销售（Jellema 等，2015）。

---

[①] 粮食体系定义见https://ciat.cgiar.org/about/strategy/sustainable-food-systems/

数字革命塑造的信息社会，具有解决小农目前面临的与信息有关的挑战的潜力（Rao，2003；Jellema等，2015）。具体而言，增加手机的使用已成为小农社区数字化转型的核心。这就推动了可以解决与小农有关的农业价值链的风险和痛点的新型解决方案和创新方法产生。

根据数据捕捉、存储、分析以及由此产生的服务，可以将数字解决方案从简单到复杂进行连续分类。

### 简单和可扩展

连续体最简单端的数字解决方案通常以单向通信为特征。也就是说，为了开发改进的或新的服务，信息仅仅被推送或传递，而非主动收集。这些解决方案还倾向于合并基础的数据分析。它们的优势在于能够大规模推广使用，并且对于终端用户而言也很简单，具有简单功能（功能手机）和复杂功能（智能手机）的手机上都能使用。

这些解决方案正是信息社会的基础，因为它们能够连接利益相关者，并推动信息在农业价值链内部、农业价值链之间以及利益相关者之间流动。利益相关者与信息流的连接促进了新型服务的发展，这些新型服务不仅使小农受益，而且使价值链中的其他利益相关者也能受益。例如，对于非洲和亚洲的很多小农而言，能够及时使用拖拉机且负担得起使用费是一件非常困难的事情，Hello Tractor[1] 和 TunYat[2] 等服务将这件困难的事情变得简单，通过使用众包方式和移动应用程序将拖拉机所有者和拖拉机需求者连接起来。MasAgro Movil[3] 等服务可通过手机向小农直接提供虫害、气候和价格警报等可行的当季信息，从而为决策提供支持。在没有数字解决方案的情况下，这些重要信息来自技术推广人员或投入品供应商的口口相传，不够及时，因此对农民无用。WeFarm[4]、RegoPantes[5] 和 Farm Citizens[6] 等服务，与 Facebook 的形式类似，为小农提供一个 P2P 农业技术网络，促进农民间知识、经验和信息共享，消除农民了解信息和知识的相关障碍，对于小农，特别是偏远地区的小农来说，了解信息和知识一直是个困难。

利益相关者的连接和价值链上的信息流动确实推动了新型服务的发展，这从 WeFarm，mFarm[7]，RegoPantes 和 Kalgudi[8] 等服务中就能明显看出。它们利用数字联通带来了好处，在现有服务的基础上增加了新功能。例如，农民可

---

① https://www.hellotractor.com/home
② http://www.tunyat.com/
③ https://movil.masagro.org/es/
④ https://wefarm.co/
⑤ https://www.regopantes.com/
⑥ https://play.google.com/store/apps/details?id=com.pureforceagri&hl=en
⑦ https://www.mfarm.co.ke/
⑧ https://kalgudi.com/index.html

以通过数字市场将产品直接出售给潜在买家，而无须分销商和贸易商等中间商。消除中间商可以提高透明度，提升价值链效率，并使农民获得产品公平价格的机会增多。

### 复杂的解决方案及其利基

对小农数字解决方案生态系统趋势的回顾表明，许多解决方案正在大规模采用。这主要是因为这些解决方案不断演进且日益复杂，其中一些解决方案捆绑或提供附加功能，可解决价值链上利益相关者的多个难题。另外，解决方案也变得越来越复杂。它们旨在从小农那里收集特定数据（双向通信），并将其与各种其他类型的数据（例如季节性预测和市场价格）结合起来，然后，使用高级预测分析来处理这些数据，从而为小农提供更新和更智能的服务。

农民做出在什么时候施肥、施多少肥的决定是一个复杂的过程，与灌溉时间、疾病检测和缓解措施有关。在所有情况下，农民都需要考虑天气、产品价格、传统知识以及其他因素。各种数据和信息源可访问、可用以及分析的改进，推动了数字解决方案的发展，它使这样复杂的过程实现自动化并为农民决策提供支持。例如"精准农业促进发展"[①]使用从多个来源获得的数据，如农民使用手机进行个体农场管理的做法，天气数据和预测，以及从遥感设备获得的数据，并利用机器学习/人工智能，为印度、肯尼亚、巴基斯坦和卢旺达农村地区的小农提供针对特定地点的农业气象咨询。与发达国家的规模种植户不同，新兴经济体的农场层面管理因农场而异。但是，通过高级分析，现在不仅可以研究和更好地了解过去的管理做法、气候和收益之间的关系，还可以预测并在给定的特定预测下，推荐最佳方案做法。在印度古吉拉特邦（Gujarat），2015年有近1200个棉农参加了"精准农业促进发展"服务并采纳其建议，从而使当年棉花产量增加8.6%，每个棉农年收入增加约100美元。

融资是必不可少的，但对全球众多小农来说却是一个挑战。缺少接触渠道、融资实体和风险信息使当地小农很难获得购买肥料等基本投入品所需的资金，而这些资金有可能帮助他们获得更高的产量和收入。Agribuddy[②]使用线下和线上相结合的方法。它招募农村青年作为"伙伴"，负责说服农民加入该服务，并使用Agribuddy的移动应用程序从已注册的农民那里收集和监测农场的特征和生产力指数。然后，在平台上收集的数据用于为小农建立档案，并与金融服务提供商共享。根据档案，金融服务提供商可以决定是否向农民提供贷款。除了建立风险档案外，Agribuddy还利用档案数据，通过高级分析来进行

---

① http://precisionag.org/
② https://www.agribuddy.com/

产量预测和前景展望，并进一步增强农民在农场生产率和作物管理实践方面的档案数据，从而向金融服务提供商提供包括改进的见解等有关农民的更多信息。Agribuddy以促进农村就业的商业模式与为小农户提供针对性的服务相结合，有望在2020年之前为亚洲近200万小农提供信贷，并为年轻农村青年额外创造5万个成为"伙伴"的就业机会。

进入出口市场和商品作物价值链会对小农收入产生积极影响，因为它为小农提供了持续增加收入的机会。但是，出口要求供应商严格遵守全球公认的可持续性标准，例如GlobalGAP[①]。小农需要每个季节都由GlobalGAP的认证者对其管理做法进行严格的评估，才能获得认证。Verifik8[②]雇佣本地招募的员工来招募农民，他们使用移动应用程序近实时地收集农场特征和作物管理信息，对数据进行分析以设定关键指标，使农民能够获得必要的认证，从而使其符合出口市场要求。Thai Union是一家从事海鲜生产和销售的公司，可持续采购是其核心关注。但是，从事对虾养殖的小农需要获得必要的社会和环境认证，才能将产品出售给Thai Union。Verifik8开发了一种解决方案，可收集虾农的社会环境数据（包括社会指标，如农民是否使用童工；环境指标，如农场的能源使用），并通过对虾农的语音电话调查得到进一步验证，从而弥补Thai Union的认证要求与虾农出口市场的要求之间的差距。然后，将经过验证的数据转换为指标和证明，虾农可以使用这些指标和证明将产品出售给Thai Union。

土地所有权对于小农来说至关重要，因为这使他们能够从银行获得贷款，并将产品出售至跨国公司所维持的价值链；但是，有的发展中国家的土地注册数据容易被篡改，一块农田能有多个所有者，这会妨碍实际所有者得到诸如获得贷款之类的利益。Bitland[③]与加纳的农民和银行合作，使用区块链系统将农民土地记录数字化。区块链系统确保土地注册信息是防篡改的。Bitland的数据收集机构从国家土地注册处收集土地注册信息，生成报告，并存储在其区块链系统中以保护数据。注册的农民通过向银行出示报告，就有资格获得金融服务。

病虫害侵袭是影响小农生产力和收入的主要因素。从根本上讲，问题在于实际病害发生、识别和缓解之间的时间差。由于当正确识别出病害时，大部分损害已经造成，因此需要快速发现并确认病害，并提出适当的补救措施。Nuru[④]和Plantix[⑤]等基于移动电话的病害诊断方案旨在解决这些问题并减少时

---

①　https://www.globalgap.org/uk_en/
②　https://www.verifik8.com/
③　http://landing.bitland.world/
④　https://www.iita.org/tag/nuru/
⑤　https://plantix.net/en

间延迟。Nuru提供有限病害的近实时诊断，而Plantix提供更多农作物病害的诊断。此外，Plantix还设计对非生物胁迫（例如干旱胁迫）进行检测，并根据病害识别提供处理建议。Nuru和Plantix使用通过农民手机获得的病株图像，Farm.Ink[①]收集来自牲畜饲养者Facebook专门小组的聊天信息和图片，通过自动分析聊天记录和图片的一种聊天程序获得非结构化数据，从而为小组成员实时提供病害诊断及适当的补救措施和其他信息。

**数据流的驱动力和影响——大数据在行动**

数字解决方案可见的进步，及其解决小农面临的复杂和多重挑战的能力，可归因于许多关键技术的进步。

（1）通过诸如从2G到3G以及更高版本的网络升级等进步，小农和服务提供商之间可以实现数据和信息的双向移动，这使得在移动网络上更快地传输更大的数据量成为可能（Gawas，2015）。

（2）随着网络技术的进步，获取手机技术的成本降低，因此，无论经济或社会地位如何，越来越多的人可以买得起功能更强大的智能手机（经济学人，2014），完成许多更复杂的任务。

（3）还应特别提及"开放数据"运动和卫星技术的进步，因为它们共同推动对遥感和卫星数据源的获取，这些数据源已成为可发挥作用的数据源必不可少的一部分（Harris和Baumann，2015）。

（4）随着与应对基本需求和访问等挑战有关的新用例的出现，围绕人工智能和机器学习的炒作和非议正在逐渐消失。人工智能的重点已转向技术落地，通过改进解读的统计严谨性，推动深度学习中的算法进步和创建新的强化学习方法，从而开发出更精密、更准确的解决方案。

尽管先进技术和概念仍处于起步阶段，例如小农使用无人机和传感器进行精细农作，但这些先进技术中的大部分确实正在突破界限。小农对它们的使用正逐渐成为主流。

农业体系，更具体地说，小农体系，是非常复杂的（Giller等，2011）。在大数据出现之前，解决生产力风险的方法依赖于系统简化（有时过分简化），通过使用有限的数据/信息进行归纳推理制定解决方案。从小农农场收集的大量数据，和来自同一农场的各种数据流（例如手机应用程序、无人机和传感器收集的数据），正在推动小农数字档案的建立，美国国际开发署和Grameen基金会已对此进行了充分研究（Gray等，2018）。

这些数字档案现在正被以多种创新方式利用，来解决迫在眉睫的问题，其中包括影响小农及其价值链效率和生产力的问题。

---

① https://farm.ink/

## FAIR数据仓库和数据湖——下一波浪潮

数据和数字技术使跨不同领域（例如医药、工业生产）的流程更加智能和高效。本文和其他文章中示例性解决方案的成功充分证明，与其他领域一样，数据和数字工具已经使与小农及其价值链相关的流程变得智能、高效，并对小农收入和生计产生了积极影响。从根本上讲，这种积极的影响之所以成为可能，是因为数据已经能够跨多个来源无缝流动，从而可以进行集成分析和高级分析，开发更智能、更精确的解决方案。

数据基础设施是尚未被充分认识的"黑马"，它是针对小农改进的简单和复杂数字服务发展必不可少的一部分。数据基础设施是一种由硬件和软件过程组成的结构，可实现数据捕捉、存储、流动和分析。这些数据基础设施通常被称为数据湖或数据仓库。这些数据湖和数据仓库包含的数据对于小农数字档案的建立至关重要，对它们的创新性使用进一步推动了数字解决方案的创新。

尽管数字档案、数据仓库和数据湖已开始在小农数据生态系统中出现，但它们并没有统一，也无法统一利用，因为不同的服务提供商使用不同的数据源和算法组合来创建小农数字档案。简而言之，当前来自不同服务提供商的数据仓库和数据湖并不会也不能互相交流！

数字解决方案转型的下一波浪潮将取决于价值链中利益相关者创建可发现、可访问、可互操作和可重用（FAIR）的数据湖和数据仓库。FAIR概念以前与数据相关，但随着大数据基础设施的出现以及由于利用多种数据源而在服务方面的显著改善，FAIR数据湖和数据仓库也是必要的。

价值链中的特定利益相关者，例如在价值链中的多个环节提供实际服务和数字服务的大型农业企业，这些企业出售投入品，也能提供信贷服务和购买农产品等，为小农开发新的、智能的、可行的数据驱动服务做了更好的准备，因为他们参与、管理和使用小农数据生态系统中当前存在的大量现有数据湖和数据仓库。他们的成功仍然取决于自身整合内部数据基础设施的能力。

小农价值链周围的数据生态系统是巨大而多样的。因此，一些中小型服务提供商拥有并将永远拥有利用多个可用的数据源来进行高级分析并提供智能解决方案的机会。与服务提供商的规模及其对小农数据生态系统的贡献无关，为使不同的数据湖和数据仓库适用于小农农业系统，需要进行体制和技术转型，然后创新业务流程。

具体而言，跨多种服务的数据管理系统和程序需要进行转换，但又不牺牲单个服务的竞争优势。机构数据政策以及数据和元数据存储系统之间的互操作性，和可复制和开放算法的创建，将成为掀起小农价值链下一波大数据使用浪潮的关键。

那些保证FAIR访问数据湖和数据仓库，而又不牺牲数据完整性的数据管理框架，对于实现下一轮转型至关重要。例如区块链有潜力促进数据湖／数据仓库的互操作性而又不牺牲数据完整性。各种数据类型，也就是资产，通过使用该技术可以分散地进行安全传输。

开放项目算法（OPAL）等平台正在推动更广泛的数据生态系统层面转换，以实现数据湖/数据仓库的互操作性（Letouzé和Pentland，2018）。这项社会技术创新最初旨在以保护隐私、可预测、可参与、可扩展和可持续的方式访问为公共利益而收集的私营部门数据。OPAL框架最初是由电信运营商Orange Sonatel和ColombiaTelefónica进行试点的。它用于请求特定指标（例如人口密度）。该请求实质上是一种预先开发的算法，这种算法在发送给电信运营商时是在电信运营商防火墙内部进行的，运算结果通过不同的接口提供给请求者。该算法开放给公众使用，项目因此得名。除此技术层外还有一个社交层，其中每个步骤，从发送请求到进行运算以及结果共享，都需要当地道德与发展咨询委员会的批准。该委员会进行监督和指导，并确保整个过程遵循数据伦理原则。尽管OPAL旨在利用私营部门的数据，而不是真正为公众利益而利用数据湖或数据仓库，但是它可以潜在地利用私有数据湖为小农开发更好的解决方案。一些现有的安全数据管理框架（例如Globus）也可以进行调整来呈现数据湖和数据仓库FAIR。

数据产品和解决方案来自不同农业食品体系研究机构，这些机构是小农数据生态系统的重要组成部分，也在进行转型。他们正在使其数据存储库FAIR。例如国际农业研究磋商小组正在开发其数据和信息发现工具，称为全球农业研究数据创新与加速网络（GARDIAN）[①]。该工具使用数据发现算法（例如图论、本体论）可以潜在地促进改善研究数据和现有小农数据生态系统数据相关解决方案的一致性。这将进一步推动数据和数字工具的使用，从而开发可对小农生计产生积极影响的解决方案。

利益相关者整理多个数据仓库和数据湖中数据的能力，无疑将推动数字解决方案新一轮的发展。规模经营的农业企业已经在价值链中提供了多种实际服务，例如规模化地为农民供应各种投入品（如种子、肥料和贷款），并且从小农那里购买农产品。这些企业是最理想的"先行者"，可以展示将不同数据仓库进行交互的优势。

小农数据生态系统由数个数字解决方案提供商组成，根据其数据处理过程，这些提供商的解决方案可在从简单到复杂的连续范围内进行划分。无论什么类型，每种解决方案都有其优势。相对简单的解决方案在规模化应用方面具有更大的潜力，而较为复杂的解决方案能够解决关键、复杂、利基问题，但应

---

① http://gardian.bigdata.cgiar.org/#!/

用潜力有限。更重要的是，每种解决方案类型仍然具有满足大约5.7亿小农需求的市场潜力。复杂的解决方案还展示了数据融合和高级分析的能力，可以解决与农业有关的复杂问题。小农价值链的数字化过程和农民数字档案的建立具有巨大的潜力，可推动开发提高农业生产力和小农收入的解决方案。在目前技术转型阶段，我们能看到各种各样的解决方案提供商的存在，他们都拥有非常强大的数字资料。此外，数据集成和高级分析展示出开发创新型解决方案的潜力。因此，新一轮数字解决方案转型将涉及大数据框架的开发，该框架将促进数据湖与数据仓库之间的交互，这将进一步推动更多创新和职能服务的开发，帮助小农提高生产力，使小农价值链变得更加高效和透明。

## 【参考文献】

**CCAFS.** 2014. *Cracking patterns in big data saves Colombian rice farmers' huge losses* [online] Wageningen. [Cited 19 March 2018] https://ccafs.cgiar.org/research/results/cracking-patterns-big-data-saves-colombian-rice- farmers%E2%80%99-huge-losses#. XMMvSegzbIV.

**Cervantes–Godoy, D., Kimura, S. & Antón, J.** 2013. Smallholder risk management in developing countries. *OECD Food, Agriculture and Fisheries Papers*, No. 61 [online] Paris. [Cited 23 January 2019] http://dx.doi.org/ 10.1787/5k452k28wljl-en.

**Duong, T., Brewer, T., Luck, J. & Zander, K.** 2019. A global review of farmers' perceptions of agricultural risks and risk management strategies. *Agriculture*, 9(1): 10.

**FAO.** 2018. *The State of food and agriculture 2018. Migration, agriculture and rural development.* Rome. 174 pp. (Also available at http://www.fao.org/3/I9549EN/i9549en.pdf).

**FAO.** 2014. *The state of food and agriculture 2014. Innovation in family farming.* Rome. 139 pp. (Also available at http://www.fao.org/3/a-i4040e.pdf).

**Gawas, A.U.** 2015. An overview on evolution of mobile wireless communication networks: 1G–6G. *International Journal on Recent and Innovation Trends in Computing and Communication*, 3(5): 3130–3133.

**Giller, K.E., Tittonell, P., Rufino, M.C., ett.** 2011. Communicating complexity: integrated assessment of trade-offs concerning soil fertility management within African farming systems to support innovation and development. *Agricultural Systems*, 104(2): 191–203.

**Gray, B. Babcock, L., Tobias, L., McCord, M., Herrera, A, Osei, C. & Cadavid, R.** 2018. *Digital farmer profiles: reimagining smallholder agriculture.* United States of America, USAID. (Also available at https:// www.usaid.gov/sites/default/files/documents/15396/Data_Driven_Agriculture_Farmer_Profile.pdf).

**Harris, R. & Baumann, I.** 2015. Open data policies and satellite Earth observation. *Space Policy*, 32: 44–53.

**Jellema A., Meijninger W. & Addison C.** 2015. Open data and smallholder food and nutritional security. *CTA Working Paper* 15/01. Wageningen: CTA.

**Lesiv, M., Laso Bayas, J.C., See, L., Duerauer, M., Dahlia, D., Durando, N., Hazarika, R., Kumar Sahariah, P., Vakolyuk, M.Y., Blyshchyk, V. & Bilous, A.** 2019. Estimating the global distribution of field size using crowdsourcing. *Global Change Biology*, 25(1): 174–186.

**Letouzé, E. & Pentland, A.** 2018. Towards a human artificial intelligence for human development. *ITU Journal: ICT Discoveries*, 1(2).

**Lowder, S.K., Skoet, J. & Raney, T.** 2016. The number, size, and distribution of farms, smallholder farms, and family farms worldwide. *World Development*, 87: 16–29.

**Rao, M.** 2003. *The nature of the information society: a developing world perspective* [online] Geneva. [Cited 07 March 2019] http://www.itu.int/osg/spu/visions/papers/developingpaper.pdf.

**Ricciardi, V., Ramankutty, N., Mehrabi, Z., Jarvis, L. & Chookolingo, B.** 2018. How much of the world's food do smallholders produce? *Global Food Security*, 17: 64–72.

**The Economist.** 2014. The rise of the cheap smartphone [online] London. [Cited 11 March 2019] https:// www.economist.com/business/2014/04/05/the-rise-of-the-cheap-smartphone

**World Bank.** 2016. A year in the lives of smallholder farmers. 25 February [online] Washington, DC. [Cited 28 March 2019] http://www.worldbank.org/en/news/feature/2016/02/25/a-year-in-the-lives-of-smallholder- farming-families.

## 【联系人】

Dr Dharani Dhar Burra（d.burra@cgiar.org）
本文由 Linda Dailey Paulson 进行编辑

免责声明：提及具体的公司或其他生产者产品，无论是否获得专利，并不意味着其得到 CGIAR 农业大数据平台的认可或推荐。

案例分析1

# 增强灾害韧性的大数据生态系统

大数据的发展速度令人惊讶。在灾害韧性这一特定领域，大数据能够在灾害管理的全部四个阶段（预防、备灾、应对和恢复）提供帮助。大数据有两个主要来源：一个是专用传感器网络，如用于地震监测的地震仪，另一个是多用途传感器网络，如智能手机上使用的像Twitter这样的社交媒体，日本关东大地震等灾害证明了大数据的重要作用（Anderson等，2013）。但在一些国家，大数据仍面临多样性（包括专用和多用途传感器在内的多种数据源集成）和准确性（提炼大数据中的重要内容来获得高质量信息）两大挑战。

增强灾害韧性的大数据的核心是来自新兴技术的数据，主要包括卫星图像、无人机捕获的空中图像和视频、传感器网络和物联网（IoT）、机载和地面光探测和测距（激光雷达）、模拟、空间数据、众包、社交媒体、移动GPS和调用数据记录（CDR）等（Yu等，2018）。从图9可以看出，灾害风险管理的数据来源中，卫星图像、众包和社交媒体越来越流行。

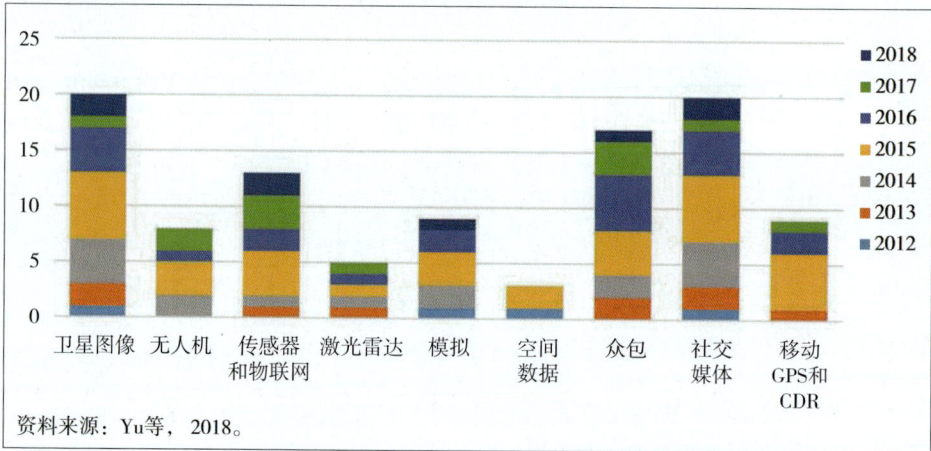

资料来源：Yu等，2018。

图9　灾害管理中卫星图像、众包和社交媒体的使用不断增加

大数据为增强灾害韧性提供了有前景的方法。例如，现在手机可以极其详细地记录以前不能持续监测或不能直接监测地区的公众行为和行动轨迹。Twitter和Facebook等社交网络正不断提高人道主义救援和减灾组织监测及应对危险的能力。此外，随着手机的普及和互联网的应用，大数据应用于灾害韧性领域的机会将越来越多，尤其是在灾害风险水平高的发展中国家。

## 一、大数据如何增强韧性？

通过开展系列数据驱动活动和行动能够增强灾害韧性。例如，大数据填补关键数据的空白，顺应了使用多灾害预警系统的新趋势，从而在区域、次区域、国家、地方和社区等不同层面提供基于影响、告知风险、以人为本、端到端的预警服务。大数据还有助于将早期预警转化成早期行动，例如基于预测的融资、基于预测的社会保护和风险防范。

大数据能够进行描述性、预测性、规范性和话语分析，从而解决灾前预防、灾中应急及灾后重建情形下信息流的差异问题（图10）。

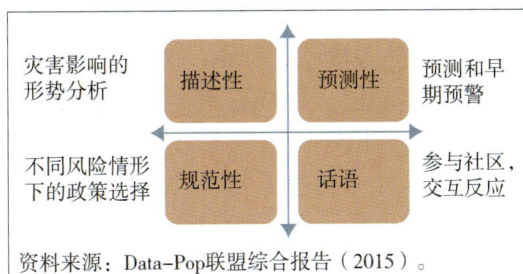

资料来源：Data-Pop联盟综合报告（2015）。

图10　大数据分析功能有助于增强灾害韧性

## 二、大数据解决方案有助于快速评估损失

作为应对苏拉威西岛地震和海啸的一部分，世界银行使用全球灾后快速损失估算（GRADE）方法对苏拉威西岛中部受灾地区进行快速评估。这是第一份根据科学、经济及工程数据和分析撰写的报告，对基于部门的初步经济损失进行估计，为灾后恢复和重建提供依据。该评估报告使用了世界银行灾害韧性分析和解决方案小组提出的开放损失模型方法，主要包括：

- 分析卫星图像和其他地面收集的数据（印度尼西亚国家灾害管理委员会、教育和文化部、公共工程和住房部、东盟灾害管理人道主义援助协调中心、媒体等）；
- 遥感图像（联合国卫星、哥白尼卫星、数字地球公司、谷歌、人道主义开放街道地图团队、地图行动）；
- 早期评估的信息以及用于验证结论的社交媒体数据；
- 海啸事件的空间特征，包括淹没程度和地面变形分析，这些分析是根据遥感损害评估得出的。

该评估方法的主要优势在于能够较快获取损失评估结果。灾害发生后10～14天，相关部门就能够得到损失的评估结果和损失的空间分布。损失评估结果利用灾害前后情况资料，包括时间序列遥感数据以及来自无人机和社交媒体报告等地面信息。因此，世界银行迅速做出评估，苏拉威西岛的经济损失总额为5亿美元，关于灾后恢复和重建工作，住房建设需要1.8亿美元，商业/工业建筑建设需要1.85亿美元，基础设施建设需要1.65亿美

元。世界银行宣布为印度尼西亚政府提供高达10亿美元的资金，以支持龙目岛和苏拉威西岛受灾地区的救灾和重建工作，增强其长期韧性（世界银行，2018）。

另一个例子是对飓风"吉塔"的影响预测和损害评估。2018年2月10日至2月13日，热带飓风"吉塔"相继袭击了多个太平洋国家，萨摩亚首先受到袭击，随后是纽埃、汤加和斐济（Reliefweb，2018）。政府提前预测到了这场飓风，并据此制定了相应的防备措施（Virma，2018）。大数据有助于对"吉塔"进行基于影响的预测。飓风轨迹、风半径、降雨估计量和风力冲击等数据在应对措施准备方面发挥了关键作用。

另外，汤加的灾后需求评估利用了无人机。与卫星影像相比，无人机航拍影像的优点在于其分辨率更高（低于1米），高分辨率是小区域损害估计的一个重要要求（Virma，2018）。无人机影像在受损建筑物和基础设施捕捉、土地覆盖评估和经济损失上尤其有用，它还有助于快速绘制地图，从而加速灾后重建和恢复进程。

大数据填补了洪水预测和早期预警中存在的关键数据缺口。气候模型的最新进展，例如集合预报系统（EPS），表明未来很长一段时间洪水预测的发展趋势。EPS通常优于单个（确定性）预测，在单个预测无法判断的情况下，EPS可以显示强降雨出现的可能性。EPS还能通过集合离散度估计预测误差（图11）。EPS有助于跨界河流流域的洪水预测和早期预警，这些流域的洪水预测往往因水文数据缺乏或无用而难以开展。这种方法表明将多个气象中心的降雨预测以及多个平台和机构的降雨和河流观测结果结合起来大有裨益。对于一些气象站而言，预报时效可长达16天（Lnuet等，2017）。

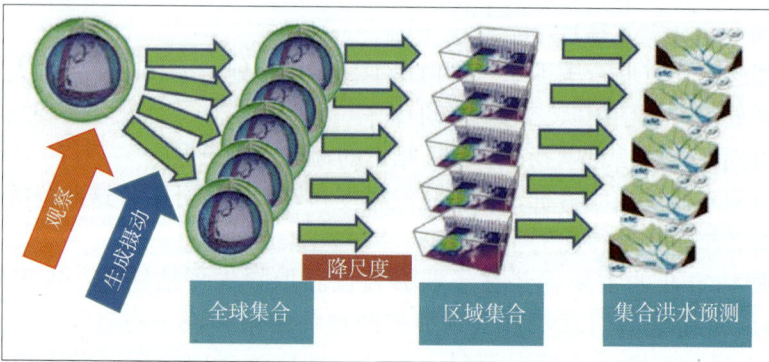

图11 集合预报系统：较长前置时间的洪水预测嵌套模型

在斯里兰卡2018年洪水预测中，EPS喜忧参半。尽管EPS提前两天估计出暴雨强度，但对降雨位置的预测并不精确（Ushiyama，2019）。提高定位的精度不仅需要更高的降尺度集合质量，还需要对数据网络进行致密化，并建立一个合适的大数据生态系统。

基于影响的洪水预测这种新兴趋势通过大数据应用得以实现。基于大数据的系统方法使终端用户能通过整合洪水危害、暴露度和脆弱性的实时数据来构建预测的影响情境。借助Web-GIS平台，不仅可以整合时间或空间数据，还能建立风险和损害情境，来进行基于影响的洪水预测（Rossi等，2017）。

## 三、机器学习在灾害韧性方面的应用

韧性建设取决于许多不同的数据类型、信息源和有效的模型类型。即使是专家也很难开发出模型，来认识一场灾害对建筑环境和社会产生的潜在影响。机器学习的发展为灾害韧性建设提供了新方法、新途径，从而制定出更准确、更高效、更有用的解决方案。机器学习（ML）算法从以前的数据中"学习"，它的成果是得到一个结果，这个结果包含了以前所不知道的信息和见解。机器学习能够根据数据中收集的信息制定开展行动；有时行动近乎实时，比如使用推荐网站进行搜索，有时基于多种风险情境进行长期韧性建设（Deparday等，2019）。机器学习是人工智能（AI）的子集，但这两个术语通常可互换使用。例如，机器学习与数据挖掘和大数据生态系统的无缝连接（图12），借助智能手机的图像、声音和语音识别功能，帮助灾难管理员根据位置和建筑物类型来识别人们在自然灾害中面临的风险。

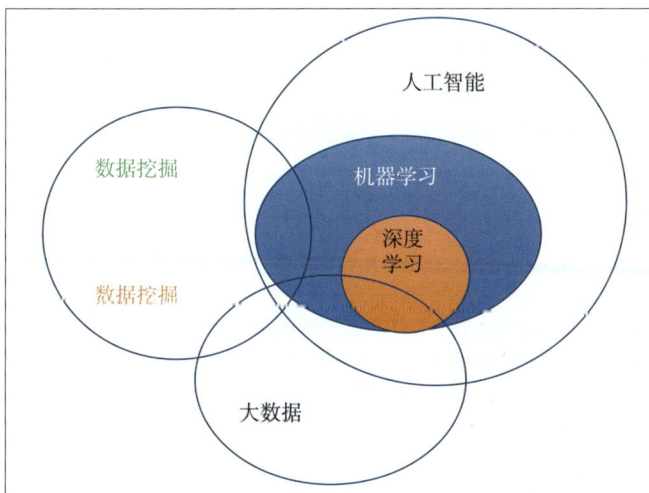

图12　机器学习——与数据挖掘和大数据相关的人工智能的子集

在清除不相关数据和加快风险分析速度以制定最佳应对行动方案和增强韧性战略方面，机器学习已发展成为最有效的方法之一。描述性、预测性、规范性和话语分析工具现在可以大规模地采用机器学习方法。新兴趋势清楚地表明，机器学习在增强灾害韧性方面的应用正在逐渐淘汰网络基础设施（图13）。

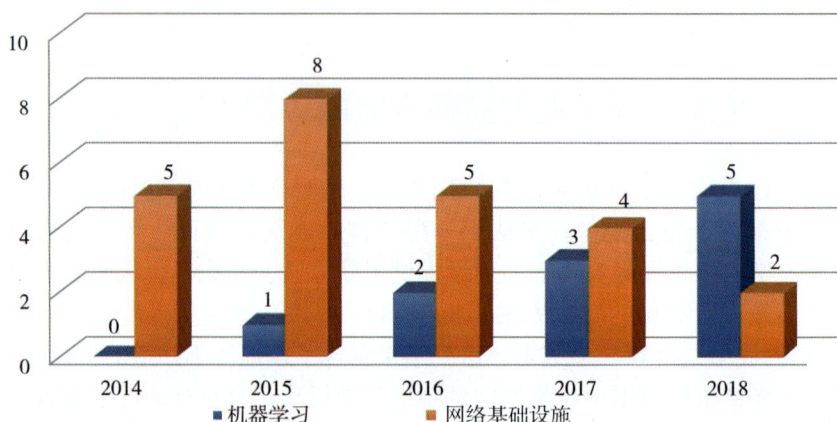

资料来源：Yu等，2018。

图13　2014—2018年机器学习的新兴发展趋势

大数据大规模应用面临的主要挑战包括：（1）处理来自不同数据源的大量异构数据的挑战——从传感器到众包，包括时间序列、半结构化和无效数据以及纹理数据，还有噪声数据和错误信息；（2）大数据分析的挑战——尚未可靠准确地将受灾群众的众包数据整合到物理传感数据（如卫星、无人机）和权威数据（如地形数据、人口普查数据）的分析中；（3）网络基础设施的挑战——需要更加强大的基础设施来有效集成多个来源的庞大数据，以实现实时决策。

【参考文献】

**Anderson K., Arora, A., Aoi, S., Fujinuma, K., *et al.*** 2013. Big data and disaster management, *Technical Report No. GIT-CERCS-13-09.* Georgia Institute of Technology, CERCS. A Report from the JST/NSF Joint Workshop, JST/NSF Joint Workshop Report on Big Data and Disaster Management. Editors, C. Pu & M. Kitsuregawa.

**Data-pop Alliance.** 2015. Big data for climate change and disaster resilience: realising the benefits for developing countries. Data-pop alliance synthesis report, September 2015.

**International Disasters Charter.** 2018. Earthquake and tsunami in Indonesia [online]. [Cited 13 March 2019] https://disasterscharter.org/web/guest/activations/-/article/earthquake-in-indonesia-activation-587-

Lnu, S.P., Young, W., Hopson, T. M. &Avasthi, A. 2017. *Flood risk assessment and forecasting for the Ganges- Brahmaputra-Meghna River basins (English)*. Washington, DC, World Bank Group. (Also available at (http:// documents.worldbank.org/ curated/en/272611508255892547/Flood-risk-assessment-and-forecasting-for-the- Ganges-Brahmaputra-Meghna-River-basins).

Pacific Disaster Centre. 2018. Tropical Cyclone Gita. Warning 13, 12 December 2018 0300 UTC. (Also available at https://reliefweb.int/sites/reliefweb.int/files/resources/PDC%20 -%20TC%20Gita%20Impacts%2C%20 Warning%2013%2C%2012FEB18%200300%20 UTC.pdf).

Reliefweb. 2018. Tropical Cyclone Gita – Feb 2018 [online] Geneva. [Cited 18 January 2019] https://reliefweb.int/ disaster/tc-2018-000102-ton

Rossi, l., Corina, A. & Pecora, S. 2017. Dewetra platform initiative by the WMO Commission for Hydrology and the Italian Department of Civil Protection. A data sharing, multi-hazard forecasting and early warning system available for any WMO member [online]. Geneva. [Cited 18 January 2019]. https://www.wmo.int/pages/prog/ drr/documents/mhews-ref/ posters-pdfs/7.101%20-%20Rossi%20L%20et%20al%20Dewetra%20 Platform%20 MHEWC%202017%20poster.pdf

Ushiyama, T. 2019. Real time ensemble forecasting for flood early warning in Sri Lanka. Third Plenary Session for Platform on Water Resilience and Disaster in Sri Lanka, International Centre for Water Hazard and Risk Management (ICHARM), 20 February 2019, Colombo, Sri Lanka.

Virma, M. 2018 [online]. Malmö. [Cited 19 January 2019]. http://wpmu.mah.se/ nmict182group2/2018/10/19/the- role-of-uavs-in-cyclone-gita-response-and-recovery-in-tonga/

World Bank. 2018. World Bank Press Release 14 October 2018. World Bank Announces $1 bn Assistance for Indonesia Natural Disaster Recovery and Preparedness. (Also available at http://www.worldbank.org/en/news/press-release/2018/10/14/world-bank-announces-assistance-for-indonesia-natural-disaster-recovery-and- preparedness).

Yu,M.,Yang,C.&Li,Y.2018.Bigdatainnaturaldisastermanagement:areview.*Geosciences*8, 165,doi:10.3390/geosciences8050165

## 【联系方式】

Sanjay K Srivastava

srivastavas@un.org | www.unescap.org

减少灾害风险主任

信息通信技术和减少灾害风险部（IDD）

联合国亚洲及太平洋经济社会委员会

案例分析 2

# Olam 农民信息系统（OFIS）：提高小农生产力和生活水平

## 一、引言

可可、咖啡、腰果和棉花等经济作物的全球供应主要来自成千上万的个体小农，他们生活在世界上一些最偏远的地区，勉强糊口。这给农民及其支持的农业社区与全球经济建立联系带来了巨大挑战。

尽管全球农业企业的可持续发展项目提供了优秀的团体培训和其他相关的辅助支持来提高农作物产量和农民收入，但到目前为止，这些小农仍然没有获得真正有效的帮助。

在此之前，外勤人员需要花费大量精力用笔和纸去登记农民以及农场的详细资料，整个过程十分辛苦，而且这种方式也极大地限制了信息的使用和扩展。现在外勤人员可以通过Olam农民信息系统（OFIS）调查和记录多个农场、农场周围的景观以及农民的社会状况。这意味着外勤人员可以获得更有效的信息去采取干预措施，同时能够比较这些措施的进展情况，并发现类似森林砍伐和雇佣童工等热点问题。此外，OFIS为农民和Olam在解决从产量低下到气候变化和雇佣童工等一系列问题上提供了更具建设性的解决办法。每个农场的"地理标记"确保了来源地的可追溯性，为终端用户提供了产品来源保证。

OFIS于2014年启动，首先在科特迪瓦试行，旨在更好地了解Olam可可供应商的农场情况。此后，该信息系统已在27个国家中推广，涉及咖啡、腰果、棉花和大米等8个产品类别。截至2018年底，已有248 850名农民在系统上注册。OFIS在拥有Olam全球小农网络的27个国家运行使用，包括科特迪瓦、巴西、加纳、印度尼西亚、墨西哥、土耳其和越南。

通过OFIS将农民与全球经济联系起来，能够实现小农和消费者之间的互利共赢。农业数据及其分析能够使农民获得更有针对性的支持，帮助他们提高产量和质量，从而获得基于质量和可持续性的产品溢价。

Olam的长期合作伙伴和客户可以直接访问农民和原产地信息，从而提高了农产品的可追溯性和透明度。这些合作伙伴和客户的洞悉降低了供应链风险，并提高了融资效率。

## 二、方法

包括农场规模、位置、树龄、经济、社会和卫生基础设施以及生态支持系统在内的数据由Olam专业的外勤人员在农场门口用手持设备收集。有一点很重要，鉴于小农社区往往处于偏远地区，OFIS不仅能够离线采集数据，还能使外勤人员与农民更好地进行面对面的交流互动。

根据标准协议，Olam外勤人员向农民介绍数据的潜在用途，并向他们保证只会根据适当的使用协议条款将个人数据提供给Olam外勤人员和特定的Olam客户，除此之外将严格保密。简单介绍后，农民可以自主选择是否提供有关信息。新加坡Olam国际有限公司掌管OFIS数据库，并且所有与个人数据相关的流程和协议都严格遵守新加坡法律或惯例。

GPS被广泛用于对农民的位置进行地理标记、绘制农场地图和村庄中关键社会基础设施的位置。将测绘和调查的数据通过安卓操作系统的应用程序输入到Olam数据库中，然后通过在线地图界面和分析图表工具将其可视化并生成报告。

该分析可突出显示农民或社区的资源不足以及农场的做法，有助于Olam进行风险管理并制定行动方案和支持措施。

作为《Olam民生宪章》规定的Olam可持续性干预措施的一部分，OFIS还可以向每个农民提供个性化的农场发展计划，针对如何充分利用每块土地和作物提出建议。

## 三、影响

通过OFIS，农民可以更好地了解自己的农场，采取行动提高农作物的产量和质量，并最终对自己的农作物未来产量有更稳定预期，而迄今为止，这种预期一直不稳定。

OFIS数据显示，已为从未制定过计划的可可种植小农制定了60 828项个体农场发展计划。这些针对性的计划为每个农场提供了定制支持，例如所需的精准农业投入量、用于保护作物的遮荫树数量以及如何正确修剪。如果产量没有达到预期，那么Olam将与该地区其他农民的表现进行比较，找出原因所在。制定计划可以提高农民的执行能力，而且会随着时间的推移跟踪计划的进展情况，并在必要时进行调整。

在加纳，农场发展计划提供的针对性建议已帮助一些可可种植者在过去两年中将产量提高了三倍以上，并减少了对农药的依赖。例如，通过与顾问直接沟通，在病害暴发时，他们知道依靠化学品并不是唯一的解决方案。

OFIS数据通过提高农民生产力阻止农民扩大农场面积，还有助于减少森林砍伐风险。同时，OFIS强化了Olam与农民的合作，通过监测农场边界并建议农民种植其他作物实现收入多样化。迄今为止，全球范围内覆盖的农场数量为187 230个。气候变化已经影响到可可和咖啡等商品的生产，因此保持林地肥沃、防止森林侵占至关重要。

同时，Olam帮助农村社区提高对社会需求的认知。例如，通过绘制当地基础设施和关键指标的信息图，Olam可以根据保健中心和学校的位置，评估与健康和雇佣童工有关的风险，并采取相应的行动。

在土耳其，OFIS收集的数据显示存在违反劳动法的行为。在榛子收获期间，外来务工人员非法长时间工作，后来在一些地区也出现类似情况。为此，Olam对农民进行劳动法规培训，并提高地方当局对这一问题的重视。同样通过OFIS，Olam的榛子业务已经能够识别出可能会雇佣童工的潜在风险区域，并在农场附近设立了安全区域，用于在农忙期安置外来务工人员的子女，以防止这些儿童工作。

展望未来，效益扩大的潜力巨大。例如，Olam正在探索如何将农民的手机与数字钱包连接起来，并通过OFIS创建一个完整的银行生态系统，去服务那些曾被金融体系忽视的人们。从健康和农作物保险到储蓄机构和点对点贷款，该系统有潜力为小农提供这些关键性服务，并切实改善他们的经济前景。

OFIS还打算采用卫星图像技术，监测农作物生长、疾病、产量和天气状况，并与农民建立有效的联系，以便他们及时采取行动。最终，该平台将绘制出全球范围内所有参与Olam可持续发展计划的农场和农民地图，使Olam及其业务合伙人更有效地确定投入目标，从而节约成本，提高产量和收益。

在2014年推出时，OFIS相比于现有技术平台有三方面突破：有机会将更多农民纳入金融体系；可以向加入公司可持续发展计划的客户提供供应链透明度水平；OFIS可以对Olam自身的可持续发展计划产生影响。如今，OFIS拥有以全新的方式利用所收集数据的力量。虽然农作物的产量变化显而易见，但得益于深入了解OFIS提供的重点信息，我们现在知道了产量发生变化的原因。

## 四、制约因素

首要挑战是目标农民群体及其社区所在的偏远地区缺乏技术和移动基础设施。为此，OFIS被开发出具有离线模式下记录数据的功能，一旦建立了在线连接，数据随后就能进行同步。

## 五、可持续性

OFIS体现了Olam对可持续发展的长期承诺。在提高产量的同时，对每个小农农场进行详细地测绘和调查，使Olam能够减少森林侵蚀和其他采购风险，这对Olam实现其宏伟目标至关重要，即在2020年之前实现100%直接来源可追溯和可持续。

## 六、可复制性

自2014年以来，OFIS已在Olam的腰果、可可、咖啡、棉花、榛子、棕榈、胡椒和大米供应链的全球业务范围内实施，覆盖近25万农民，目标是到2020年将这一数字增加到50万。

希望在与Olam农民供应商建立良好合作关系的背景下实施OFIS。但是为了产生有意义的见解并产生务实影响，需要针对每个来源及其生产者的特定情况、风险和挑战量身定制特定指标。在谈到Olam的支持对他的生计产生的积极影响时，来自加纳Sefwi Medina的可可种植户Muhammed Suleman说："在我接受农场发展计划之前，我收获了7袋可可……但去年我收获了25袋可可，这要归功于我所做的改变……我接受的培训告诉我，我不需要在可可上喷那么多杀虫剂，使我省了不少钱，能够让我种植更多的可可……这项技术确实帮助我更好地融入世界。"[①]

关于OFIS的更多信息，可见：https://www.olamgroup.com/sustainability/reimagine/olam-farmer-information-system.html

关于OFIS的视频短片，可见：https://youtu.be/rOmGouC5Ygc

| 【联系方式】 |
| --- |
| Zoe Maddison（Zoe.Maddison@olamnet.com）<br>Group PR Manager<br>Olam International |

---

①   www.bbc.co.uk/news/business-44642175

案例分析 3

# 移动解决方案、技术援助和 mSTAR 科研项目

## 一、引言

新型数据和数据分析工具正在改变产业化农业，并且，越来越多的公共、私人和非营利性参与者正在利用这些数据来推动发展中农业地区小农的农业生产、提高适应能力和减贫。多个参与者正在制定战略，以简化和标准化农业试验数据；数据科学家正在尝试用新方法来估算产量、种植面积，甚至贫困状况；研究机构正在展示通过分析有关本地农业体系中的农作物管理、产量、土壤和天气状况的大量数据可以得到什么。令人振奋的平台有CGIAR农业大数据平台[①]，i2i数据门户网站[②]和小农金融产品探索者[③]数据库，小农金融产品探索者数据库提供了来自10个国家的30个服务提供商的信息，以及使用预测分析方法的项目，例如Aclimate Colombia[④]项目，都展示出数据利用带来的现实利益。

美国国际开发署（USAID）资助了一系列研究项目和计划，这些项目和计划生成与贫困、市场、农学研究、自然资源管理、营养、气候等有关的各种字母数字和地理空间数据集。将各种类型数据汇集起来，将为进行与农业发展计划相关的分析释放巨大的潜力。

在尼泊尔，美国国际开发署开展了15个"保障未来粮食供给"（FTF）项目，包括蔬菜、谷物和小扁豆价值链。这些项目在尼泊尔的远西部、中西部和西部地区的20个地区实施。在柬埔寨，有20个FTF项目在鱼类、园艺和水稻重点地区开展。其中，14个项目是在柬埔寨运营的创新实验室研究计划的一部分，还有6个项目正由本地和全球合作伙伴共同实施。大多数项目在洞里萨湖地区农村的公社和村庄中开展。目前，所有项目都收集了大量数据。

在利用大量新的和现有数据服务农业发展方面，柬埔寨和尼泊尔为我们展示了一个独特的机遇。但是，大多数数据当前都在本地系统和服务器上存储和管理。尽管各机构之间的数据管理方法有所不同，但通常仅对项目参与者开通数据访问权限。

数据可应要求向其他FTF项目合作伙伴提供，但是，在所有发布项目数据的国家中没有通用的数据库或存储库。为此，美国家庭健康国际组织的mSTAR项目为美国国际开发署数字发展中心、驻柬埔寨办事处和驻尼泊尔办事处的"保障未来粮食供给的数字化发展"团队提供了为期14个月的支持，以改善项目数据的结构、存储和管理，并推动整个项目组合的分析。

① https://bigdata.cgiar.org/inspire/inspire-challenge-2017/using-ivr-to-connect-farmers-to-market/
② https://i2ifacility.org/data-portal
③ https://www.themix.org/mixmarket/smallholderfinance
④ http://odimpact.org/case-aclimate-colombia.html

　　下文介绍了一种方法，这种方法是为评估和确定柬埔寨和尼泊尔的项目数据生产者和使用者之间的挑战和需求而设计的。在此基础上，我们讨论了如何评估采用通用数据结构和利用数字数据存储库的选择，并详细说明了为就建议达成共识并采取后续技术援助活动以确保从合作伙伴那里获得认可所采取的步骤。最后，我们就此类项目和未来投资机会提出几点考虑。

## 二、方法

　　考虑到开放数据存储库如何能给数据生产者和大数据分析提供最佳支持，我们与 Development Gateway 和 Athena Infonomics 合作开发了定性评估方法，来确定参与项目的各个利益相关者所面临的共同优先事项、机遇和挑战。这是通过与柬埔寨和尼泊尔的利益相关机构进行深入地关键人物访谈，以及收集参与项目资助规划和研究的30个机构线上调查回复来进行的。

　　柬埔寨和尼泊尔两国研究的主要发现是：对纸张和电子数据收集工具并行的依赖程度很高；缺乏标准化的数据管理协议和数据共享协议，包括访问目录和研究结果；需要对不同类型的数据分析进行培训。最终，我们确定了合作伙伴之间未被满足的需求以及现有数据共享机制中的空白，需要建立一个集中的、多方参与的开放式农业数据储存库。

### （一）关于开发通用数据结构的建议

　　我们采取两步法来开发建议数据结构。第一步，我们研究了柬埔寨和尼泊尔农业与营养计划中最重要数据集的基础结构。样本数据集来自13个利益相关者，其中柬埔寨8个，尼泊尔5个。根据以下标准划分数据集的重要程度：（1）通过访谈得到的数据集对其他利益相关者的效用；（2）与美国国际开发署指标报告的相关性；（3）数据集中数据的唯一性；（4）数据收集的频率；（5）地理粒度。该评估包括以下与项目计划相关的数据集类型：基线、中期和最终调查；定期调查；监测数据；来自创新实验室的研究数据。第二步，我们对关于元数据的全球良好做法和农业倡议中开放数据的互操作性标准进行了综述。（例如CGIAR开放存取和开放数据支持包推荐的本体——AGROVOC、作物本体、基因本体、国际食品政策研究所农业和营养技术本体、粮农组织农业信息管理门户[1]和全球农业和营养开放数据倡议。）[2]

### （二）数据存储建议

　　除了通用的数据结构外，我们还评估了不同的存储方案，其中包括6个现有的数字数据存储库和考虑定制的存储库，并最终建议柬埔寨和尼泊尔代表团

---

[1]　http://aims.fao.org/
[2]　www.godan.info/

采用可满足其数据需求的现有存储解决方案。为了确保顺利管理任一存储库，我们建议美国国际开发署尼泊尔代表团和美国国际开发署柬埔寨代表团对制定和实施数据存储解决方案的流程进行管理，并支持实施伙伴采用新的标准和流程。考虑到员工承担行政职责的能力，我们提供了有关职务和职责的程序和指南，包括参与数据准备和管理。

（三）指标映射

为了对技术评估和建议进行补充，我们进行了指标映射分析，来考察跨多个项目的数据共享、互操作性和数据分析在实践中的情况。该分析研究了柬埔寨和尼泊尔项目的所有指标和调查问题，将其组成专题，确定了各项目的共同变量，并突出各项目间相似但略有差异的变量。该方法包括四个步骤：

- 从项目基准数据集中收集和整理所有变量。如果变量出现在项目的基准数据中，则该变量在项目的相应列中标记为"1"。
- 按照专题领域和子专题梳理变量。这是一项主观工作，根据专题梳理变量，并进一步将专题划分成子专题。例如"你的农场离最近的市场有多远？"被划分到"获得服务"专题和"可获得性"子专题。
- 标记相似但略有差异的变量。如果两个变量都衡量同一事物，但由于标准化问题而无法立即汇总，则使用"0.5"代替"1"进行标记。例如，变量"X作物的作物日历"和"种植X作物的月份"都被标记为"0.5"。
- 突出显示多个项目中共同或近乎共同的变量。通过统计6个项目中标记为"1"和"0.5"的数量来计算每个变量的相似性。这样计算出的"总相似度"范围从1到6，间隔为0.5。在2个或2个以上的项目中，"总相似度"大于1的变量被认为是共同或近乎共同的变量。

在柬埔寨，六项基线调查产生了1 000多个变量，这些变量分为21个专题和78个子专题。在尼泊尔，五项基线调查产生了1 100多个变量，这些变量分为16个专题和88个子专题。这些专题和子专题相互映射，并且将变量划分到专题来揭示指标和数据集之间的共性。项目虽然互补但重点不同，最终我们发现在项目中很少有共同变量。例如，在尼泊尔，我们发现大多数变量与其他项目的共性为零，并且对于各自的基线调查是唯一的。划分到共同专题领域的相似变量通常与财务和人口统计有关，考虑到基线调查中通常收集的家庭信息类型，这也并不奇怪。

## 三、影响

为了与代表团工作人员和项目合作伙伴验证这些调查结果和建议，并就后续步骤和拟议的技术援助活动达成共识，我们在尼泊尔和柬埔寨举办了"凝聚共识研讨会"（图14）。研讨会介绍了各种数据管理的最佳做法，展示了建议中开放数据存储库的使用，确定了通过通用数据结构开展合作的机会。为了推动采用数据共享得以充分利用的新流程，我们还与项目合作伙伴深入讨论了流程调整、容量限制和其他实施过程中面临的挑战。总体而言，与会人员对研讨会后的许多数据管理概念有了更深入的了解，会后调查结果显示，与会人员对研讨会较为满意，平均分数提高了19.1%。

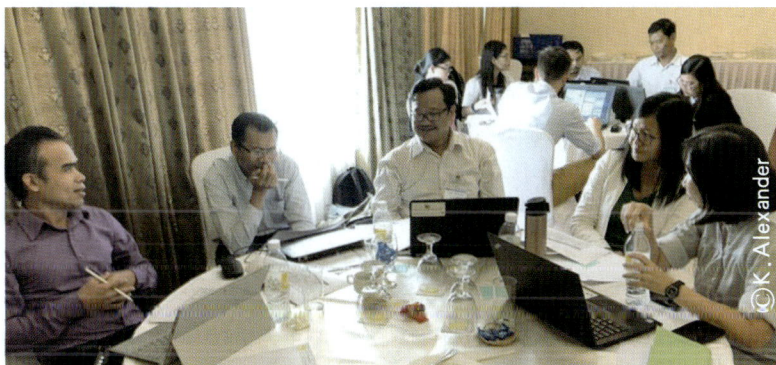

图14　柬埔寨"凝聚共识研讨会"的与会人员

　　在验证过程中，出现了一个机构数据平台，即开发数据库（DDL），它将支持国内数据共享并满足报告要求。后续技术援助的重点是：（1）用户测试DDL平台，包括如何搜索、上传、浏览、注册、创建数据资产和数据集，以及查看可视化和地理空间数据集；（2）数据管理最佳做法，准备数据集、元数据和文档（密码本、问卷、方法论、知情同意书、风险分析以及相关报告和文章等）；（3）指标标准化、协作研究和分析，通过跨合作伙伴数据集来寻找标准化的共性和机会。

　　在后续研讨会期间，还与项目合作伙伴分享了指标映射的结果。这包括查看整个项目以及两国的基准数据集，以确定跨项目组合协作有哪些机会；需要哪些数据标准化才能促进此分析；DDL平台通用本体和数据管理的最佳做法如何支持数据共享。这项研究本身以及后续的应用实践在以下方面取得了成功：

- 确定合作伙伴共同变量；
- 探索变量标准化的机会；
- 了解哪些专题领域重叠最多；
- 展示来自不同成果和不同活动的项目数据，如何仍能提供有关共同成果和关键研究问题的见解；
- 提出一种利用集体数据的实用方法。

## 四、创新和成功因素

基于利益相关者访谈和数据深入研究的结果，我们建议合作伙伴和美国国际开发署代表团采用通用数据结构的实用指南和可行方案。建议主要考虑的因素是选择具有国家特定特征的本体，包括不同类型的数据集。为合作伙伴开发的资源包括密码本模板、上传到任何开放存储库的数据集结构标准以及提高数据质量的最佳做法，我们与项目合作伙伴以及美国国际开发署代表团已经在研讨会过程中对上述所有资源进行了验证。

在合适的数据存储解决方案建议方面，我们优先考虑采用识别工具和管理流程，来最大程度减少合作伙伴的额外工作量。这还包括关注完成任务需要采取哪些步骤来确保合作伙伴的认可和持续使用：创建本体以提高互操作性，投资数据准备工具，并利用其号召力鼓励合作伙伴在他们的项目中使用数据。

指标映射分析提供了一个真实的示例，说明数据管理和共享最佳做法能使合作伙伴用自己的数据来回答他们在第一次研讨会中确定的共同研究问题，从而促进跨项目组合分析。除了从指标映射分析中得到结论之外，Excel数据库本身也是一项重要成果。在后续的技术援助研讨会上，我们向合作伙伴和美国国际开发署代表团工作人员提供了数据库，并鼓励他们通过数据库查找重叠专题，例如通过使用筛选和数据透视表得出自己对标准化机遇的见解（图15）。

## 五、制约因素

主要制约因素是有关指标映射方法的设计，该方法要与项目相关且对于今后设计其他协作活动有所帮助。最终，指标映射的结果显示需要注意以下几点。

首先，仅整理了项目数据集中的基线调查。为了利用此项分析的可用性，应考虑将范围扩展到包括其他数据集，这将加深对存在冗余和潜在合作机会领域的了解。此外，变量码本无法使用，这意味着在了解项目之间的单位、措辞、编码和格式方面存在限制。

其次，专题标签是有机的出现的，变量的组合是基于两位研究人员的同意而进行的主观分析，这些研究人员与基线调查的设计或分析没有密切关系。为了适应许多变量的多维性，设计了一个专题交叉表，允许在多个专题下对每个变量进行标记（例如"牲畜数量"可以同时标记为"牲畜"和"资产"，而不仅仅是"牲畜"）。但是，由于交叉表的复杂性及其在解决主观问题方面的价值有限，因此交叉表未包含在最终成果中。将来，机器学习分析和详细的编码手册可能会为专题分配提供更科学的方法。

| | A | C | E | AC | AD | AE | AJ | AK | AL | AM |
|---|---|---|---|---|---|---|---|---|---|---|
| | 专题 | 子专题 | 完整指标 | 畜含物系统研究系统（SISA）总计 | 国际畜牧研究所（ILRI-H…） | 国际农业研究暨国际农研磋商会（KSA） | 国际科学基金（ISF）总计 | 雨养水文学博士（PAHAL） | 总相似度 | W/总相似度 |
| 1 | 人口结构 | 个体 | | | | | | | | |
| 2 | | | 调查对象姓名 | 0 | 1 | 1 | 1 | 1 | 3 | 1 |
| 3 | | | 调查对象性别 | 0 | 1 | 1 | 1 | 1 | 3 | 1 |
| 4 | | | 调查对象年龄 | 0 | 1 | 1 | 0 | 0 | 1 | 0 |

图15　编译数据库的截图

53

最后，此项分析的原始方法是将每个变量标记为项目成果框架中指定的目标和成果，但由于目前的成果框架还没详细到可以将每个变量或调查问题标记为一个（或多个）成果，因此该分析必须依靠主观解释。此外，由于只有3个项目目标和9个项目成果，这样的分析要么过于简化了变量的多维性（在每个变量中仅标记一个成果），要么使结果的可解释性过于复杂（在每个变量中标记多个结果）。因此，最终成果中不包括基线变量到项目成果领域的映射。改进的编码手册和成果框架，以及项目方与其合作伙伴之间就调查问题/变量与项目成果的相关性达成一致，将有助于促进未来的映射分析。

## 六、经验教训

大数据具有巨大的潜力，可以提高数据的使用和共享，来达到规划性改进的目的。但是，我们发现了利益相关者面临的共同挑战和需求。

1.数据互操作性——由于缺乏正式的数据共享机制，因此重要的是关注3个不同方面：系统之间的数据交换；可以解译的数据文件；系统可以理解或识别的数据。这包括：

a.满足基本的结构整洁性要求，将属于同一数据集的数据保存在单个文件中（除非有充分的理由不这样做），从而方便与其他应用程序和存储库集成；使用的明确列名和行名、适当变量名和地理参考文件的标准坐标系；使用标准代码表示不同类型的缺失数据。

b. 从项目和数据集层面获取重要元数据元素，并以表格结构创建相应的码本，以非专有文件格式保存，如逗号分隔值文件或制表符分隔值文件。

2.制定数据标准——为了结构化和定义数据，从基础数据管理协议开始定义数据集之中变量的类型和属性很重要。尽可能使用码本中指定的标准词汇表和度量单位收集、存储和报告所有数据。例如通过使用：

a.例如一个受控词汇AGROVOC[①]——涵盖食品、营养、农业、渔业、林业和环境以及其他词汇，例如全球农业概念计划，国家农业图书馆词库和农业生物科学中心词库提供行业特定的词汇表。

b.符合上下文和地方治理的针对特定国家变量的标准度量单位和命名方案，例如使用合适的命名规则命名农业变量和行政单位，并使用统一的单位报告面积、长度、重量、数量和日期。

3.数据管理和存储——随着研究和数据管理做法变得更加透明，数字数

---

① http://aims.fao.org/vest-registry/vocabularies/agrovoc

据存储库也已经超越了支持数据上传和存储的基本功能。在评估时应利用因上传、存储和共享数据而产生的资源和良好做法，包括数据监管中心（Data Curation Centre）①和Data Seal of Approval②制定的准则，以及FAIR原则（使数据可查找、可访问、可互操作和可重用）③。我们建议任何数据存储库都应包括以下重要功能：

a.分配唯一标识符，限制对特定数据的访问，使用重用许可证，可被搜索引擎发现，通过应用程序编程接口提供互操作性，允许上传和共享任何文件类型。

b.丰富和细粒度的元数据字段，高级的搜索功能，自定义使用指标，自动生成的"保存"文件格式，用于数据分析和可视化的内置集成，以及指向其他数据目录的链接。

**【联系方式】**

Nina GetachewCngetachew@lh360.org
kathryn AlexanderCkalexander@developmentgateway.org

---

① http://www.dcc.ac.uk/resources/how-guides-checklists/where-keep-research-data/where-keep-research-data
② http://www.dcc.ac.uk/resources/curation-reference-manual/chapters-production/audit-and-certification
③ www.nature.com/articles/sdata201618

案例分析4

# 利用卫星数据和人工智能
# 助推小农普惠金融

## 一、引言

在全球范围内只有不到10%的小农能够通过信贷购买或改进投入品或技术，帮助他们提高产量、增加收入和确保粮食安全。没有资金，小农就缺乏提高产品产量和质量的手段，只能陷入低产和贫困的往复循环之中。

缅甸有将近800万小农，但只有不到5%的小农被认为具有"还贷能力"。银行不向小农放贷，因为他们主要存在于正式经济之外，并且由于缺乏抵押品而被认为风险太大。缅甸只有32%的小农拥有房契或银行账户以及历史交易记录，这些通常用于对借款人进行评估。由于小农居住在偏远地区，银行收集相关数据的成本增加、挑战增多。

最近，一些公司已开始利用社交媒体活动和数字足迹等替代数据，为没有银行账户的人群生成信用评分。但是这些平台针对的是进行短期消费贷款的城市人口，实际上排除了小农社区，因为小农参与的数字化活动较少，并且出于生产目的他们一般需要大额长期贷款。

## 二、方法

Harvesting公司（简称为Harvesting）[①]利用卫星数据和人工智能（AI），可以及时、经济、高效且准确地洞悉全球各个小农场（面积小于1公顷）的农作物情况。当前，Harvesting通过农业贷款软件向客户提供作物数据，旨在为小农提供服务时减少信息不对称和交易成本。数据收集App可在农场现场收集数据，包括农场的地理坐标。与人工方式相比，数字化提高了数据收集的速度和准确性。收集到的数据将被传送至信用风险评分系统，该系统结合替代数据，包括Harvesting有关农作物情况的遥感数据，为借款人生成信用评分，信用评分还可以提高贷款批准流程的效率。贷款发放后，贷款人可以利用农场监控经济高效地远程监控农场，并能主动对借款人的活动进行干预。

通过减少与小农合作的信息不对称性和交易成本，Harvesting致力于使小农能够获得金融服务。

这种做法旨在增加获得贷款的小农数量，并提高被评为"良好借款人"的小农的贷款额度。自2018年10月起，Harvesting启动了一个试点项目，目前仍在进行中。一旦贷款通过Harvesting的信用风险评分模型发放，并利用农场

---

[①] www.harvesting.co

设备进行监控，公司就会跟踪相关指标，包括：接受贷款的小农数量；向小农提供的贷款金额（美元）；被评为"良好借款人"的小农的贷款额增加百分比。试点项目的范围不包括对小农生计变化的评估。

随着可获得该地区更多农场的数据更多，Harvesting 希望长期为小农提供更多的预测分析和决策工具，例如根据每个农场当前可获得数据和天气状况建议种植日期和收获日期。

试点项目仍处于实施阶段，Harvesting 尚未开始追踪指标，因此判断其成功为时尚早。不过项目早期迹象是良好的：（1）Harvesting 对信用风险模型进行了反向测试，与历史还款额高度匹配；（2）信用风险自动评分比客户现有的非自动化方法要快。

Harvesting 的解决方案是独一无二的，因为其他任何提供商都无法首先经济高效且准确地生成单个小农农场的作物情况数据，然后才通过软件将数据提供给金融机构，这种软件是为降低与小农合作交易成本而专门设计的。尽管还有其他机构使用卫星数据来提供有关农业的分析，但他们并不专注于农业，而且主要在发达国家开展工作，Harvesting 专门针对前沿市场上的小农，Harvesting 的软件旨在为小农提供贷款。其他公司使用社交媒体和数字足迹等替代数据来得出信用分数，以覆盖非银行用户人群，但他们主要针对进行消费贷款的城市人口，实际上排除了数字足迹很少或没有且需要长期生产性贷款的小农。

## 三、经验教训

鉴于公司提供的服务中数据的价值，数据输入的质量至关重要：（1）通过总结这次试点项目的经验，公司需要更好地为客户做准备，并就所需信息的种类和收集方式提供更具体的指示。（2）即使准备得再好，也可能会出现翻译错误和其他意外问题，因此重要的是要及时构建数据体系，以确保双方都了解每个特定行项目的含义并删除不必要的数据。（3）地面数据收集可能会遇到障碍和问题，例如雨季到来或缺乏机动车辆，可能增加收集数据所需的时间，因此有必要为这种情况提前做好准备。

试点项目中遇到的大多数挑战是数据和信息技术问题造成的。

## 四、可持续性

一家荷兰开发银行向 Harvesting 当前的试点项目提供了一部分资金，帮助项目合作伙伴 Maha 农业小额信贷公司采用新技术，并降低投资风险。该项目一旦实施，希望 Maha 继续按商业方式支付服务费用，这样的做法才将是可持续的。

由于Harvesting的解决方案旨在使小农受益，因此其设计也具有经济可行性。该方案不依赖于高成本的私人卫星，仅使用来自美国国家航空航天局（NASA）和欧洲航天局（ESA）的卫星以及其他公共数据源的公开数据。另外，由于Harvesting的解决方案既可以扩展服务提供商的客户基础，将小农纳入其中，又可以降低与小农合作的交易成本，客户很可能愿意依商业原则支付费用，因此该公司的软件会产生积极的投资回报。

## 五、可复制性

Harvesting目前正在非洲和亚洲的特定市场上建立农作物模型并对其产品进行测试，希望在这些地区开展更多的试点项目。凭借多样的农业气候、繁多的作物种类和数量众多的小农，印度被视为一个重要的试验场。收集的农场数据点越多，公司的人工智能模型"学到"的内容就越多，还可以针对农场层面的需求提出相应建议。

Harvesting的卫星图像处理管道的设计和构建具有可扩展性，能够高效处理海量数据。但是，需要进行一些"调整"：每次添加新的数据源时，都需要开发新的应用程序编程接口，并且每次输入新的农业气候区域时，都需要针对该新区域对农作物模型进行校准和验证。

---

### 【联系方式】

Julie Cheng

julie@harvesting.co

---

# 案例分析 5

作为一项可扩展服务的远程洪水分析
——为应对本地突发事件，在刚果共和国
实施基于卫星的近实时洪水监测

## 一、引言

一个社区承受冲击并防止洪水成为灾难的能力是其长期韧性的关键体现。但是，政府、社区和其他机构只有知道灾难发生或可能发生时，弱势群体和资产在哪里，才能确实地减少死亡人数并保护人民财产安全。为了防洪，确定最易遭受洪灾的人员和资产，使政府和援助机构能够为援助做好准备并制定应对方案，以及重新分配资产并设计保护性基础设施至关重要。

在发展中国家，每年人道主义救济仅能弥补7%因灾害造成的经济损失。随着全球洪水暴发频率成倍增长（由于气候变化和人口迁移），增加灾后援助只是解决方案的一部分。至关重要的是，如果脆弱国家能够降低风险并更有效地应对灾害，那么每年因洪灾造成约299亿美元的损失将大大降低。这取决于搜集信息和利用信息的能力。如果当地政府和其他应对方没有关于洪水的相关信息，他们将无法做好准备在洪水发生时进行有效应对。

传统的人工洪水测绘方法费时费钱，需要收集本地数据并校准模型以保证高精准度，有时需要数年才能绘制一段河流，且每个项目可能要花费几百万美元。C2S基于卫星的洪水分析和监测可提供高分辨率和近乎实时的监测服务，即使在用户仅接受过有限的风险建模培训且网络服务不稳定的情况下也能快速获取信息。

C2S的平台利用数十个全球卫星和社区情报来监测灾难的发生，预测洪水风险高位，并提供洪灾脆弱性地图，花费的成本和时间仅为传统方法的零头。该平台的定制版本结合了当地洪水动态，旨在帮助一国政府做好洪灾应对和长期准备。第一，近乎实时的洪水监测能帮助政府做好洪水预警，快速定位受灾人群，提供所需救灾援助。借助简短的离线消息和交互式决策支持系统，管理人员可以与所有相关方（上至国际机构下至急救人员）迅速共享损害情况。第二，基于当地洪水和天气动态的经过校准的洪水触发器会向用户发布洪水预警。第三，根据35年来成千上万张卫星图像绘制的洪水频率和概率分布图，可以揭示洪灾风险区，只需要单击一下按钮即可更新。上述功能可以帮助当地政府将人员和资产安排在容易发生洪灾的区域之外、设计堤坝和水坝、识别湿地等。

C2S已通过与现有保险合作伙伴、政府和援助机构的合作，为超过9个国家提供了洪水分析服务，并计划到2022年底在50个国家实施200多个项目。

下文是刚果共和国政府、联合国世界粮食计划署（WFP）和C2S三方最近在刚果共和国开展试点项目的示例。粮食计划署在"创新加速器"计划上与C2S进行合作，该计划支持并扩展了解决全球饥饿问题的高潜力解决方案。粮食计划署的"创新加速器"计划通过C2S的变革性技术，确定所需C2S提供的服务，并将其应用到粮食计划署的人道主义应对行动中。

## 二、背景

2017年11月，刚果共和国的因普丰多市遭遇严重洪灾，5 000人需要粮食援助。但是，粮食计划署在洪水发生后整整一个月都没有得知消息。当他们得知消息后，却不清楚洪水规模和食物需求，因此延误了应对工作。洪水警报最初来自口口相传，后来才是首都派遣的外勤人员。

该试点项目的目标是展示基于卫星图像的洪水信息服务对洪水监测的价值。C2S试图评估卫星图像是否可以向粮食计划署和刚果共和国政府部门提供可用的、有效的洪水相关数据。对于粮食计划署而言，通过卫星图像可以迅速评估是否需要、哪里需要以及需要多少粮食援助，从而缩短响应时间。对于刚果共和国政府而言，通过卫星图像可以了解该国定期接触很少的偏远地区的洪水信息。双方利益相关者的目标是提高2017年11月因普丰多洪水事件确定的基准。

C2S建议测试其近实时卫星洪水监测服务对该国三项重大灾害紧急行动的作用：（1）粮食计划署的粮食救济；（2）政府对洪水的应对；（3）危机中利益相关者之间的协调。

C2S设计并运用了量身定制的洪水和降雨自动监测在线工具，作为交互式仪表板中的一项服务提供给政府和粮食计划署用户。总部位于布拉柴维尔的政府用户，包括社会事务和人道主义行动、气象局和水文气象局等。该系统科学地优化了全球洪水监测算法，并将其与该地区独特的洪水动态相结合，生成洪水分析报告，这些报告可以实地验证，每天通过Whats App警报共享。

该服务有三个主要特点：

1. 以用户为中心的仪表板和离线工具，根据信息可以降低洪灾脆弱性而针对当地洪灾最重要的需求进行定制。

2. 利用最先进的科学、卫星和社区情报来收集洪水信息。

3. 日常支持和本地能力建设，确保用户理解数据并可以使用该信息进行决策。

将光学、雷达和降水卫星数据进行云计算，以及利用来自外勤人员、新闻报道和社交媒体的地面数据，C2S进行本地优化的洪水监测。然后将结果显示在包含洪水分析和报告的交互式仪表板上。在操作系统时，C2S创建了快速洪水地图，旨在助力决策。地图最初使用公共卫星图像，在公共卫星图像不足以提供有关洪水发生的有用信息时，还会使用商业卫星图像。

## 三、研究结果概述

在监测过程中，C2S系统识别出8起洪水事件，并对另外4个有避难者的地点进行洪水风险评估。在这8起事件中，5起是通过使用公共卫星工具确定的，另外3起是城市的当地利益相关者报告的。这些洪水事件影响了马科蒂波科的33户住房，莫萨卡的26户住房，恩卡伊的至少11户住房，还确定了韦索和森贝被淹没的街道和发生更大洪水的风险。

莫萨卡洪水事件有力证明了及时的洪水信息的价值。2017年11月9日，Sentinel-2卫星在莫萨卡首次发现了洪水信息，直到1月18日，该镇部分地区的洪水还在持续地间歇性发生。除莫萨卡洪水事件外，C2S的系统还监测到其他3个城镇（恩卡伊，韦索和森贝）发生轻微洪水或可能发生洪水的信息。C2S将这些情况告知了一个WhatsApp组，并建议联系当地的外勤人员进行确认。

C2S的设计理念坚持以人为中心，专为发展中国家提供抗洪方案，旨在评估用户的真正需求和能力。C2S的设计方案，不是固定的技术解决方案，有助于确保其提供的方案能满足终端用户需求，且可以最大程度地发挥价值，因此这些解决方案将成为可长期使用的工具。C2S的方案设计紧扣利益相关者需求和灾后恢复的时间表分析，并进行大量场景模拟来确保设计出可用的方案。

总体而言，对于确定关键的本地利益相关者群体、明确指挥体系、确定在何处可以改变洪水进程以及笼统分析当前抗灾能力而言，这个过程至关重要。

## 四、成果

### 1. 对"避难点"的洪水监测

2017年12月28日，C2S获悉来自邻国刚果民主共和国的大约17 000名避难者越过边界，在刚果共和国一侧的刚果河沿岸数个地点避难。联合国难民署（UNHCR）对这些避难点的洪水风险感到担忧并寻求外部来源的信息。C2S迅速行动，根据历史洪水模式在2017年12月29日前提供了洪水风险的简要介绍。

为更全面地评估洪水风险，截至2018年1月3日，C2S已提供了来自6个洪水模型的更多信息。当时，C2S不仅对4个主要避难点的监测过程进行日常检查，以防发生洪水，还为当地决策者提供有关"当前状况"的每日信息。这些信息已于2018年1月16日正式提交难民专员办事处，然后由他们转达给当地政府。

2018年2月8日，联合国难民署报告称，政府同意将难民从风险最高的地点——马科蒂波科转移到风险较低的地点之一——Bouemba。马科蒂波科也是难民人数最多的地点，这一及时转移避免了迫在眉睫的灾难。对于C2S而言，这代表着关键卫星信息的成功利用，在某种程度上促使政府和援助机构迅速采取措施。

### 2. 通过Whats App提高协调能力

该系统旨在为政府用户提供有效的洪水信息，以将其纳入他们的决策过程。最初的假设是，政府会定期检查仪表板的页面，或者在收到警报时检查仪表板。然而，随着试点项目的开展，基于利用谷歌分析从布拉柴维尔监测对仪表板网络访问情况，我们发现通过Whats App进行更直接地沟通可以获得更多的洪水警报信息。因此，C2S系统创建了一个由来自不同政府部门和其他地方利益相关者的代表组成的本地Whats App小组，随后每日将"当前情况"页面的摘要发送给该小组。这样一来，组内用户就可以确认C2S系统观察到的情况。Whats App小组由此也成为各部门之间的协调中心，而这些部门以前缺少关于洪水的共同信息来源。

### 3. 通过培训提高技术能力

C2S通过在10月试点项目开始时进行的培训，从12月开始的月度更新和使Whats App小组进行关于洪水的共享协调，增强了政府部门的部分能力。11月2日，来自7个政府部门的18名官员参加了有关C2S系统的培训活动。在随后利益相关者参加的月度电话会议中，他们从系统中得到了新信息。C2S总共对28位当地利益相关者进行了如何使用该服务的培训，其中18位来自刚果共和国地方政府办事处，另外10位来自非政府机构，例如粮食计划署。

## 五、刚果共和国提高抗洪能力所面临的挑战

### 1. 利益相关者之间的协调

由于各利益相关者团体之间缺乏明确的协调机制，因此在发生严重洪灾时，很难将职责明确分配给具体部门。值得注意的是，在服务实施之前由C2S发起的事实调查会议中（其中一部分涉及创建示意图的参与者小组，图16），每个小组都绘制了一张利益相关者示意图，表示他们对洪水突发期间各部门职责划分的理解，但是在指挥体系或程序机制上未达成共识。

图16A是由政府部门绘制的利益相关者原图，展示了应对洪水的指挥体系。蓝色圆圈表示社会事务部处于其他各部门的中心，但该部门对此存在异议。

### 2. 数据可用性

使用户之间更加复杂的协调问题是，在洪水问题上可以使用的工具有限。由于刚果共和国在过去几十年冲突不断，在80多个已有水文测量仪中，目前正在运行的大约只有13个。降雨数据也很有限，因为全国15个以上的观测点需要人工记录，且每月仅报告一次。

### 3. 利用卫星衍生信息的技术能力

除了可用的工具有限外，政府部门了解和使用可以改善现有流程的公共可用工具的能力也有限。政府部门通常缺乏受过适当科学和工程培训的人员，

知晓如何利用卫星数据,目前只有水文气象局具备这样的技术能力。此外,网速过慢和低带宽进一步限制了分析和处理此类数据的能力。

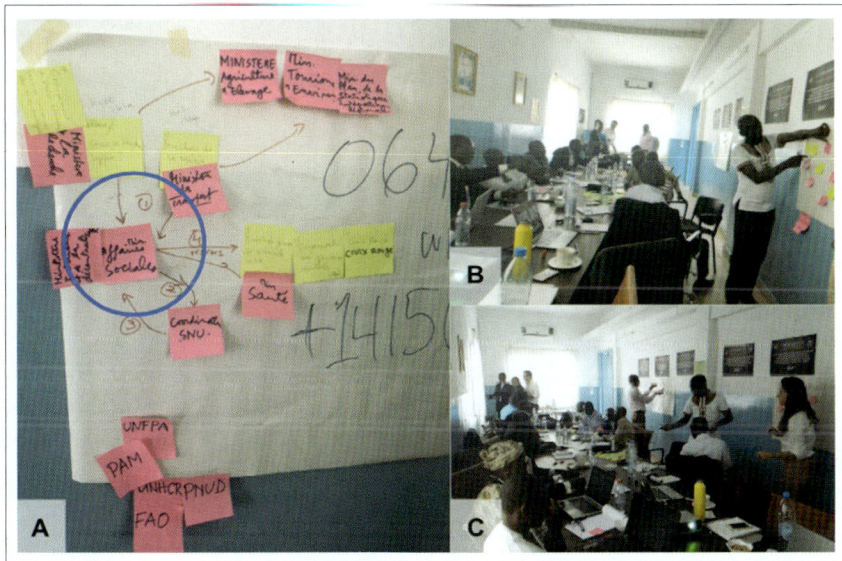

图16  刚果共和国应对洪水突发的交流会

# 六、结论

(1)C2S的洪水监测服务比传统服务更早发现洪水及其产生的影响。

(2)C2S能够在几天内对1.6万名难民面临的洪灾风险紧急状况做出迅速应对。

(3)C2S创建了一个当地的Whats App小组,该小组由约12位相关政府部门部长的代表组成,他们在洪水发生期间利用该小组共享信息并了解每日最新情况。

## 【联系方式】

Email:support@cloudtostreet.info

案例分析6

# AtSource——将客户与供应源相连

## 一、引言

随着人口的增长，粮食体系正面临越来越大的压力，地球持续提供水、养分和稳定气候的能力也正处于临界点。此外，涉及农产品的可持续发展日益引起全世界消费者的关注。数以百万计的农民还需要一个经济可持续和社会可持续的未来，子孙后代将在其中进行生存和发展。

然而，由于全球农业供应链高度分散，特别是在新兴市场，我们难以获得解决这些问题所需的可靠且一致的数据和见解。农作物通常是从农民那里进入市场，经过许多中间商转手，在到达食品公司等制造商之前与其他农作物混在一起，这使可追溯变得困难。我们需要一套新的工具用于指导和规划可规模化应用和立即实施的社会和环境措施，使农民、农村社区、消费者和地球都受益。

AtSource的发展源于Olam的宗旨，即"重新构建全球农业和粮食体系"，并以许多现有的举措为基础，确保Olam运营及其第三方采购的可持续发展。这些举措包括《Olam民生宪章》，该宪章如今涵盖了非洲、亚洲和南美洲约445 900名小农。在Olam的第三方供应链中，公司一直坚持供应商守则，规定所有Olam的原材料和产品供应商都必须遵守Olam在保护森林、儿童（童工）、人权等方面的关键可持续性要求以及国际准则。

自2014年以来，Olam一直通过"Olam农民信息系统"（OFIS）收集农场层面的数据，为农民提供个性化建议，包括改善耕作方法、可追溯性和筹资渠道。AtSource以数字测绘功能为基础，提供了产品从农场、物流、加工到客户每个阶段的可追溯性信息。

AtSource是Olam丰富的社会和环境专业知识的结晶，并被引入了透明和定制的数字可持续发展解决方案中。

## 二、方法

AtSource将提供的丰富数据分为：繁荣的农民和农业体系、蓬勃的社区和复兴的世界，并显示在定制的数字仪表板上。它提供了三个等级，等级越高，影响力越强，客户可以根据优先级和可持续性发展进程来选择等级。

第一级是AtSource Entry。这一等级是客户可以放心，供应商会遵守《Olam供应商守则》中负责任的采购原则和惯例。客户还可以使用独特的生态计算器，及时获得其在国家产品层面上进行采购的环境足迹，以及由可信的第三方机构提供的重要环境和社会问题的风险评级。

第二级是 AtSource Plus。Olam 在各种可持续性指标上为客户服务，包括性别平等、教育、市场准入、公平定价、温室气体排放和用水等领域。客户可以在定制的数字仪表板上获取这些信息，这样就可以从源头上查看产品整个流程所产生的影响。客户还可以浏览并比较他们从 Olam 采购的不同产品。借助这些见解，客户能够做出更有针对性的决策，并采取有效行动，使他们的供应链应对诸如气候变化等问题更具韧性。

第三级也是最高级 AtSource Infinity。Olam 希望利用这些数据与客户共同制定可持续发展计划。换句话说，Olam 希望对社区和环境产生积极影响，并进行大规模推广。

## 三、影响

与 AtSource Plus 的雄心壮志相呼应，Olam 在越南的可持续发展计划吸引了 1 245 名咖啡种植者来确保产生积极的社会、环境和经济影响。该计划将为 Olam 的国际客户提供100%可追溯到在越南生产咖啡产品的农民团体信息。透明的数据和农民的丰富经验使这个可持续发展计划更精确，资源利用效率更高，也印证了他们的承诺，即所有咖啡豆来自从雨林联盟认证的农场。

作为 AtSource 的一项成果，Olam 的咖啡业务已构建所有第三方供应商遵守《Olam 供应商守则》的高水平机制，并采取了确保内部合规性的措施。

根据要求，Olam 在美国的香料业务现在能够向客户提供其洋葱和大蒜产品从种植到加工的二氧化碳排放总量，为任何公司按照《温室气体议定书》要求，对温室气体的三类排放[①]评估进行报告给予支持。

短期来看，AtSource 的优势在于 Olam 与生产者互动并了解他们面临的挑战具有一定的连贯性和一致性。随着遗留数据的增加，预计 AtSource 提供的见解将吸引更多的投资共同创建项目，并且随着了解哪些措施是最成功的措施，项目将被越来越多地进行量身定制。

促使 Olam 推出 AtSource 的原因有很多。Olam 在计划制定和执行方面都具有领导才能，从《Olam 民生宪章》到所有利益相关方管辖计划，都是为了实现其宗旨——重新构建全球农业和粮食体系。最终，Olam 的业务取决于可持续性，只有这样才能持续为客户确保销量。

AtSource 平台利用了新兴市场对产品来源的兴趣，并创造了一种方法

---

① 三类排放指间接排放。

来展示农民、客户和消费者如何从数据和见解中获取价值。它还为Olam提供了一个平台展示其在可持续发展方面所做的努力，并使公司成为可以提供产品100%可追溯信息的供应商。这些新的数据和见解证明Olam关于带头践行可持续发展的主张，并鼓励基于透明和信任建立长期战略合作伙伴关系。

此外，客户还有机会利用Olam最近在数字化方面的投资，即从地面数据捕获和分析到建立跨业务的数字基础设施。人们常说数据是新的货币，Olam的目标是站在发展的最前沿，将数据、见解和转型带入全球供应链。

核心指标为AtSource的完整性提供支持，这些指标使购买多个产品的客户拥有一个通用仪表板。通过允许使用其他产品和产地的特定指标，它还可以满足客户对量身定制见解和解决方案的需求。从长远来看，AtSource旨在与诸如可持续性认证和报告框架之类的全球倡议保持关联。

## 四、制约因素

就AtSource平台本身的开发而言，其复杂性在于开发一套核心指标，这些指标可适应大型和小型供应链之间的差异并能跨商品应用。例如，在发展中国家，小农只能种植几公顷土地，而Olam在美国的香料业务中的大多数洋葱和大蒜种植者则进行多样化种植，他们种植了许多种类的农作物，且农场平均面积在800公顷以上。另外，还有一些其他差异需要考虑，包括美国种植者的高度机械化、使用精准农业和严格的监管环境。

在运营AtSource并使业务的各个部门朝着一个共同目标努力的过程中，也存在挑战。从农业运营到制造、工程、供应链管理，再到信息技术（IT）和人力资源，在各个层面都要充分了解该产品。数据和其他信息技术系统需要进行映射和合并，而数据收集、验证的流程和方法则需要标准化。

然而，当前的挑战是聚集核心指标，从根源上追踪输入数据，并对数据进行验证以确保其准确性，以及创建数字基础设施以便在平台上发布可靠数据。

在小农层面收集和验证数据是复杂且资源密集的，并且在农场之外还存在许多实质性的挑战。这些数字让人望而生畏，从事Olam产品生产的农民有480万人，他们每个人都是受农业影响的更大家庭和社区的一部分。但是，AtSource提供了这样一个机会，可以领先于关键趋势，并为农民和公司创造市场优势。

农民无须为AtSource提供数据。实际上，Olam已经在人力和技术资本上投入了大量资金，将AtSource推向市场。公司相信，AtSource提供的见解将使农民和自然环境受益匪浅，因为这些见解将为更好的投资和更具针对性的行动提供可能比迄今为止还要多的信息。持续优化是AtSource的核心，随着时间的流逝，公司将了解什么是行之有效的以及应该优先考虑的工作。

在从测试和学习阶段学到的知识基础上，Olam现在扩大了AtSource的产品适用范围，包括20个新的咖啡产地，埃及的洋葱、加纳的可可以及加纳和莫桑比克的腰果。随着产品的产地具备应用AtSource的数据和可持续发展能力，上述产品清单将会随着时间推移而增加。

【联系方式】

Zoe Maddison
Zoe.Maddison@olamnet.com

© Tom Fisk from Pexels

# 案例分析 7

# WAGRI——农业大数据平台

# 一、引言

最近，日本的农业面临一些严重困难，主要是由于农民人数迅速减少。这意味着世代相传的农业隐性知识的丧失，以及在荒废但可耕地的耕种上的失败。实际上，荒废的耕地面积远远超过了日本国土面积的百分之一。面对这种困境，数据科学方法有望为隐性知识和劳动力问题提供有效的解决方案。实际上，用数据科学方法来解决问题并不新鲜，众所周知的一个例子是在19世纪末，当时以扎啤闻名的爱尔兰酿酒公司Guinness的员工——William S. Gosset提出了t检验，根据少量成分样本估算出大量啤酒的味道。从那时起，在农业领域尝试了各种数据科学方法。这些尝试对日本的农业没有太大影响，特别是因为数据管理的成本相当昂贵。在日本，隐性知识和个人经验的流失已成为一项沉重的负担，近几年来这种情况愈加严重。但是，计算资源成本的快速降低为实现数据驱动型农业带来了前所未有的机遇。

基于这种情况，建立农业大数据平台的可能性引起了农业组织、农机制造商等私人企业、地方政府机构、农业部和内阁办公室的关注。WAGRI是农业方面的开创性大数据平台，最初是在2017年根据日本首相在日本内阁会议上做的关于日本未来投资战略的声明提出的。

下文将首先介绍农业数据的一般特征，以及在WAGRI数据实现的同时，构建大数据平台遇到的问题；其次介绍为用户提供的服务的体系架构，包括用户自定义的应用程序接口（API）和访问控制体系架构；接下来介绍基于大数据探索新的农业知识的可能性；最后得出结论。

# 二、农业数据的特征和WAGRI的应用

农业数据中最重要的项目是与农作物健康有关的数据，例如气候、土壤成分和害虫。大多数农业数据是由不同机构在当地收集的，因此这些数据散布在众多机构和地点中。而且，数据项的不同定义与不同的文件格式（例如CSV和txt）一起使用。此外，这些数据会随机更新，并经常重新定义，而无须事先通知。因此，数据太过多样，以至于不可能开发出对每列数据的个体属性（例如位数、字母数字属性以及与其他列的关系）进行严格定义的数据库。这些因素使农业大数据平台的创建和应用面临巨大挑战。为了解决这个问题，WAGRI采用了灵活的数据结构，从而避免对每个数据项进行严格定义。

近年来，Java Script Object Notation（Json）是一种被广泛用于信息处理的数据格式。它可以使用非常简单的格式来构造各种大数据，而无须特别说明数

据的个体定义。一些符合Json的数据库产品出现在市场上。WAGRI采用Json和兼容数据库来构建自适应农业数据结构。

在WAGRI中，农业数据分为两类。一类是地理空间数据，例如小气候、土壤分类和农田。另一类是主数据，包括农业术语词典和农用化学品等，下面对两类数据进行详细介绍。

### （一）地理空间数据

#### 1. 土壤类型的矢量数据

耕作环境的大多数数据都具有微小的地理空间属性，因为农作物对环境因素的细微变化高度敏感。图17显示了在WAGRI中实现的土壤数据，表头包含有关土壤类型的信息，后面跟着大串数字，这些数字代表成对的经度和纬度。由于每种土壤类型所覆盖的地形极为复杂，因此仅表示几平方公里面积的土地就有大约800对经纬度数据。这些数据被构造为Json格式，每对经度和纬度顺时针与区域形状对齐，它们全部嵌套在与标题分开的括号中。依次读取括号中的成对经纬度数据，并连接它们之间的连接线，会形成一个地理空间图形，即多边形。这样，WAGRI中的所有地理空间数据都进行了结构化处理，从而易于利用软件进行解析。

headers {'PrefectureCode': '5', 'SoilName': 'Gray Lowland Soil', 'SoilLargeCode': 'F2', 'SoilMiddleCode': 'F2', 'SoilSmallCode': 'F2', 'Polygons':
①[{'Coordinates': [{'Latitude': 39.94785327326453, 'Longitude': 139.949170327319306}, {'Latitude': 39.94949254909 1346, 'Longitude': 139.94972935120717}, {'Latitude': 39.95501187166544, 'Longitude': 139.95837164416596}, {'Latitude': 39.969037792875056, 'Longitude': 139.9794768313014}, {'Latitude': 39.98408389827826, 'Longitude': 140.00188628703512}, {'Latitude': 39.98971239136062, 'Longitude': 140.0109013059738

图17　WAGRI的土壤数据

#### 2. 描述农田数据

日本的农田多是小农私人拥有的小地块，尽管近年来规模化种植已逐渐增多。因此，在描绘仅几平方公里的地理空间时，会出现许多代表农田的方格状多边形。若要描绘几平方公里的农田就需要大量的经纬度数据，而浏览器的渲染性能会因此受到影响。Json，源于Java Script，一种交互式网站的语言，在这种情况下具有自动减少数据的优势。

图18中的（A）和（B）都是相同的种植区域，其中农田多边形的集合被分层放置在土地多边形上。在两幅图中，对齐的小多边形是农田的多边形，而红色和深黄色复杂形状的多边形是土壤类型的多边形。A图是缩小状态下的图形，B图是放大状态下的图形。尽管农田的形状通常是矩形，但图A中蓝色箭头周围的形状在某种程度上看起来像三角形。同时，相应的多边形都是矩形，这是对经纬度数据的稀疏性或密度进行自动调整的结果。在缩小状态下，用户的关

73

注点是了解该区域的整体情况，而不是查看每块农田。因此，精确描绘每块农田的多边形并不是至关重要的。但是，在放大状态下，用户要关注的是每块农田，因此应该以精确的方式描绘所有农田。利用根据缩放状态改变用户关注点的方式，即Json，能够动态减少或增加多边形的数据。由于这种动态的数据操作，浏览器的渲染性能得到提高。这类动态控制机制在包括开源软件等地理信息系统中得到了广泛应用，因此编写一些代码即可实现这种功能。

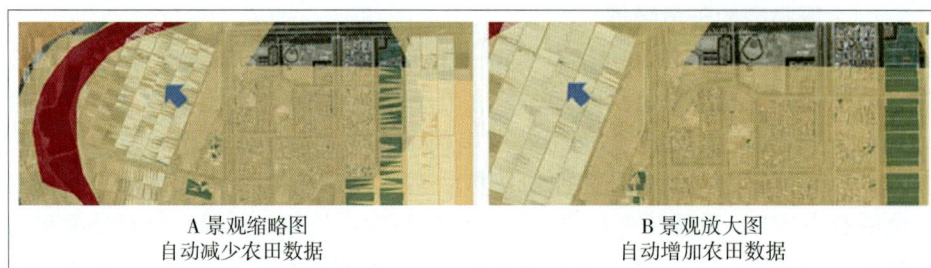

A 景观缩略图
自动减少农田数据

B 景观放大图
自动增加农田数据

图18　土壤上分层的农田多边形

### （二）主数据

编写主数据有两个目的：一是定义特定领域的词汇。以水稻品种为例，目前官方登记的水稻品种已经有500多个，每个品种都通过包含大约30个属性的微小特征差异来进行识别。二是定义其他词汇（如化肥和农用化学品），包含细小的分类，需要非常精确的定义。

除定义词汇外，WAGRI还编写了农业叙词表。传统农业地方经验的长时间流传，会创造许多本地行话，而这些行话需要进行标准化。同样，它们也可以归入特定领域词汇的类别，表3显示了10个词汇的示例，这些词汇均属于播种领域词汇。尽管对表格进行了简化，但WAGRI中的实际同义词库还有9个层次分类单元。该叙词表中的信息不仅限于行话和分类单元，还包括有关其用法的信息，例如操作目标、操作地点和目标作物。这样，WAGRI叙词表由一个语义结构组成，该语义结构使从大量其他农业材料中获取知识成为可能。

表3　WAGRI中的农业叙词表示例

| 种类 | 操作名称 | 操作类型 | 操作目标 | 操作子目标 | 操作地点 | 目标作物 |
|---|---|---|---|---|---|---|
| 播种 | 播种 | 播 | 种子 | | | |
| 播种 | 直接在育苗箱中培育 | 播 | 种子 | 育苗箱 | | 水稻作物 |
| 播种 | 水田直接播种 | 播 | 种子 | | 稻田 | 水稻作物 |
| 播种 | 离子包衣直接播种 | 播 | 离子包衣种子 | | 稻田 | 水稻作物 |
| 播种 | 在排水良好的稻田上直接播种水稻 | 播 | 种子 | | 排水良好的稻田 | 水稻作物 |
| 播种 | 苗床育种 | 播 | 种子 | | 农田苗床 | 水稻作物 |

（续）

| 种类 | 操作名称 | 操作类型 | 操作目标 | 操作子目标 | 操作地点 | 目标作物 |
|------|---------|---------|---------|-----------|---------|---------|
| 播种 | 绿肥播种 | 播 | 绿肥种子 | | | |
| 播种 | 苗床育种 | 播 | | 苗床 | | |
| 播种 | 插秧机播种 | 播 | | | | |

### （三）WAGRI——服务提供商

### 1. 数据检索服务

WAGRI配备了简单的用户界面，可为用户提供良好的数据下载或处理服务。所有界面都集成为表征状态转移（REST）API的形式，通常在网络服务中使用。图19显示以土壤数据为例的API请求字符串。"{}"表示可变参数。在这个例子中，参数是一对经纬度。请求字符串和认证信息被一起发送到服务器，然后服务器将相关数据返回客户端见图20A。图20B显示了基于Python的代码请求示例，仅需少量代码即可让用户检索大量数据，它也是一个土壤类型的API示例，但请求字符串与同图中的A不同。图20A按1/200 000比例缩小土壤面积，而图20B的缩小比例是1/500 000。因此，WAGRI提供了约70种API，可以满足不同用户的要求。在WAGRI的网站上提供了API的指定菜单，并附有每个API的规范页面，在该页面上可实现简单的试用功能。

```
API/Public/20_1SoilMap/Get?Latitude={Latitude}&Longitude={Longitude}
        (a) 1/200,000 Reduction Scale

API/Public/5_1SoilMap/Get?Latitude={Latitude}&Longitude={Longitude}
        (b) 1/50,000 Reduction Scale.
```

图19　土壤数据的API请求字符串

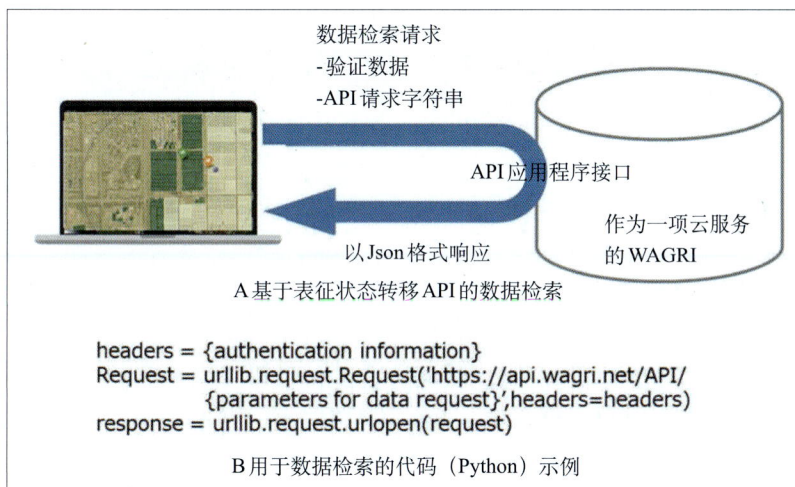

数据检索请求
-验证数据
-API请求字符串

API应用程序接口

作为一项云服务的WAGRI

以Json格式响应

A基于表征状态转移API的数据检索

```
headers = {authentication information}
Request = urllib.request.Request('https://api.wagri.net/API/
            {parameters for data request}',headers=headers)
response = urllib.request.urlopen(request)
```

B用于数据检索的代码（Python）示例

图20　从WAGRI中检索数据

### 2.传感器数据注册服务

WAGRI不仅提供数据检索服务，还提供数据上传服务。用户可以将自己的数据上传到WAGRI并进行注册。一旦用户填写了用于上传数据的API请求字符串项，数据就会以HTTP的形式传送到WAGRI，并自动存储为Json格式。在这些服务中，WAGRI特别关注从农田里的传感器捕捉的传感器数据。图21介绍了传感器的API，图21中①是传感器主控器，用于控制每个传感器产品的一般规格，例如制造、监测能力和精度。然后，用户为每个传感器设备分配一个ID，并将这些分配情况传送至农田数据系统，见图21②。如果无法获得传感器监测条件的信息，就无法正确解译传感器数据。为了解决这个问题，可以记录诸如海拔、经纬度等监测环境信息（图21③）。最后，对来自传感器的数据进行存储，每项数据都可通过传感器ID进行识别（图21④）。

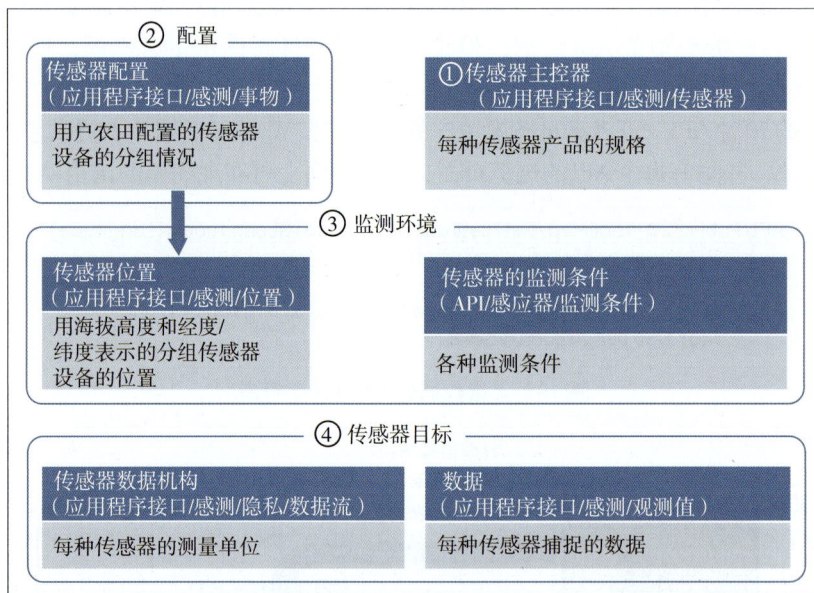

图21　传感器的应用程序接口

## 三、访问控制

WAGRI具有访问控制功能，以保护农民和私营公司拥有的农业数据。上文中介绍的所有注册数据都存储在WAGRI数据库的专用域中，由每个数据所有者各自管理。数据所有者通过数据管理可以限制用户的访问权限。如果要使用数据创造新的知识，数据的所有权会变得复杂。尽管这不是系统问题，但

WAGRI制定了数据所有权指南，作为主要针对农业数据服务方面即将出现的问题的参考。

## 四、用户自定义的API

除了预先备好的API外，WAGRI还使用户无须进行任何编程即可定义自己的API，前提是假设农民能够将种植记录和生长条件等信息，如作物高度、叶子长度和颜色以数值形式记录下来，并附上相应的文字说明。由于每种作物和农户的情况不同，记录内容也不同，因此很难编制标准化的API。为此，WAGRI允许用户自定义API。用户自定义API可以使用户创建自己的初始API，而无须对数据库进行任何编程或操作。它主要由三个功能组成：注册命名空间、定义方法和建模数据结构。图22介绍了这些功能，图22A是初始设置，"URL"是API的名称，"存储库密钥"是数据库中将其与其他数据区分开的数据ID。图22B是该方法的注册，它定义了API如何处理数据。如图22C所示，用于操作的数据结构被定义为Json格式。借助Json，可以对任何农业对象进行建模。通常，伴随程序开发、数据库实施和网页界面设计，构建API需要一些时间。但是，仅这三个功能就可以提供完整的API。

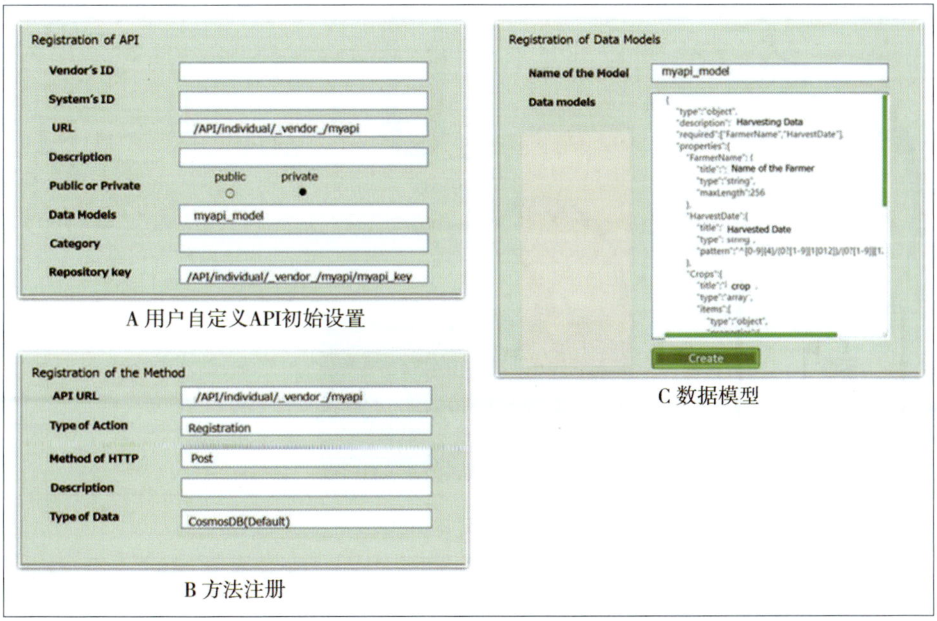

A 用户自定义API初始设置

B 方法注册

C 数据模型

图22　用户自定义API的注册

# 五、基于动态 API 的高级数据处理

实际上，种植记录不限于观测数据，还包括与环境有关的数据，例如与农田相关的小气候，以及由传感器捕捉的数据。在这种情况下，会出现几个问题。这些数据的更新周期不同，因此很难同时创建记录，而且，来自传感器的数据不一定稳定，因此需要进行统计估计。例如，观测数据是在农民的日常工作结束后记录的，此外，传感器的时间序列数据是由传感器应用程序接口以固定的时间间隔存储的。由于传感器的精度容易受到环境噪音的影响，在日常监测结束时可能需要计算平均值等，因此，将农业数据整合为面向用户的结构并不容易。

为解决该问题，WAGRI 提供了一个同步和异步数据处理脚本。将此脚本的链接序列合并到用户自定义的 API 中，可以实现非常灵活的数据处理（图 23）。

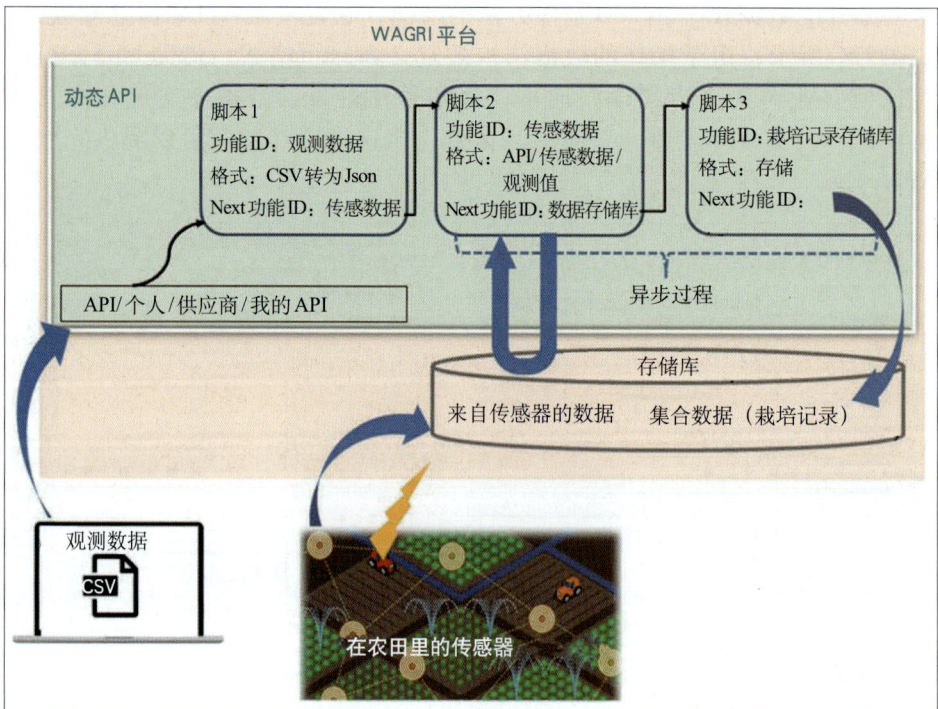

图 23 动态 API

API 一旦被执行，观测数据就会从客户端上传，但不会实时存储在数据库中。或者激活脚本，并将数据输入至第一个脚本，将种植记录的数据格式从 csv 转换为 Json（图 23），从而获得可用的传感器数据。第二个脚本内部执行传

感器API，检索传感器数据并填写种植记录的相关项目。最后，第三个脚本将集成的数据存储到数据库中。这样，将用户自定义的API与脚本结合，可以有序且异步地在内部执行多个数据进程。这种独特的API架构专为WAGRI而开发，被称为"动态API"。实际上，WAGRI提供的所有API都基于动态API的架构。

### 从农业大数据中获取知识

#### 1. 收成预测

收集和存储数据的最终目的是发现有用的知识，例如估计收成的最佳时段，在这方面，WAGRI为用户提供了一种算法用于预测收成。尽管收成预测模型于1980年代在日本首先提出（Horie和Nakawawa，1990），但正如引言所述，并未广泛应用于农业领域。直到WAGRI将该模型以API形式呈现，才使其在农业领域盛行起来。

Horie和Nakawawa（1990）的研究表明，作物的生长取决于日温和日长，图24展示了温度与作物生长率之间的关系。图中的非线性曲线表明在$T_h$处存在一个临界值，生长率在该临界值的前后都会发生急剧变化。此外，该临界值和其他参数都取决于作物品种。这些参数太过于分散，以至于数值因作物品种而异。API在内部提供了各种参数，以便向用户提供精确预测，一旦用户为API设置了变量，例如品种的ID和农田的经纬度，API就会根据所选作物选择相应的合适参数，并根据指定的经纬度引用WAGRI里的小气候，然后进行收成预测。

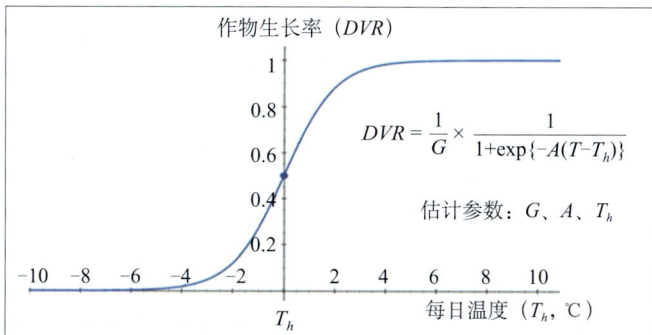

$$DVR = \frac{1}{G} \times \frac{1}{1+\exp\{-A(T-T_h)\}}$$

估计参数：$G$、$A$、$T_h$

图24　基于日温的作物生长率

#### 2. 发现新知识

除数值数据外，农业文本数据对于知识发现也具有重要价值。事实上，诸如农民备忘录、生长记录等资料中就隐藏着宝贵的技术诀窍。然而，这些资料中有很多本地行话，这使得利用软件进行语义分析变得困难，例如对自然语言的处理。为了克服这个问题，人们使用了前文所述的农业叙词表，并将各种农业报纸的文章在语义上划分主题作为一个尝试。我们将隐含狄利克雷分布（Bleiet等，2003），一种无监督的机器学习算法，应用于涉及术语表的文档。图25展示了使用pyLDAvis提供的用户界面的结果。[①] 每个气球代表一个分类主题，其中包含语义一致的分类单词。将鼠标移到每个气球上，按其所属主题的概率大小依次显示单词，如图25的右侧所示。显然，气球2代表与果树相关的主题。同理，其他气球代表其他主题，其中包括语义一致的单词。

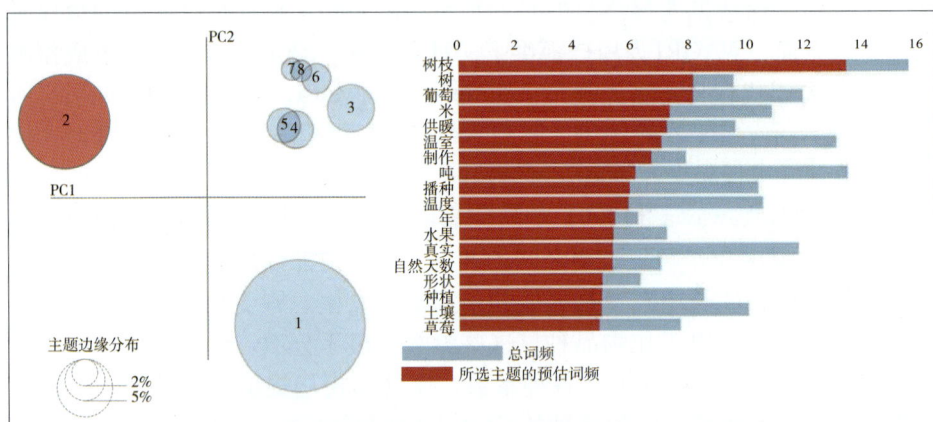

图25  主题模型应用于农业新闻文章的结果

## 六、结论

WAGRI已经成为一个前所未有的农业大数据平台。它的特点是以集成的方式收集各种农业数据，并提供大量的API作为一项服务。此外，动态API是WAGRI的原始架构，使用户可以创建自己的API，从而使用多种数据实现复杂的数据操作。该平台有望为发现新的农业知识做出贡献。

## 七、致谢

对于本文，非常感谢NEXTSCAPE公司Kosugi先生和Sakamaki先生的宝贵支持，尤其是在WAGRI的API架构方面。这项工作还得到了日本内阁、政府、部际战略创新促进计划（SIP）"下一代农林水产业创造技术"的支持。资金由生物导向技术研究促进机构（NARO）提供。

---

① https://github.com/bmabey/pyLDAvis

## 【参考文献】

**Blei, D.M., Ng, A.Y. & Jordan, M.I.** 2003. Latent Dirichlet allocation. *Journal of Machine Learning Research*, 3: 993–1022.

**Horie T. & Nakawawa H.** 1990. Modelling and prediction of developmental process in Rice: I. Structure and method of parameter estimation of a model for simulating developmental process toward heading. *Japanese Journal of Crop Science*, 59(4): 687–695.

## 【联系方式】

Hiroshi Uehara（uehara@alcita_pu.ac.jp）and

Atsushi Shinjo（kaminari@sfc.keio.ac.jp）

**图书在版编目（CIP）数据**

E-农业在行动：农业大数据 ／ 联合国粮食及农业组织，国际电信联盟编著；董程译 . —北京：中国农业出版社，2021.6

（FAO中文出版计划项目丛书）

ISBN 978-7-109-28084-7

Ⅰ.①E… Ⅱ.①联… ②国… ③董… Ⅲ.①农业现代化—研究 Ⅳ.①F303.3

中国版本图书馆CIP数据核字（2021）第057629号

著作权合同登记号：图字01-2021-2169号

**E–农业在行动：农业大数据**
**E-NONGYE ZAI XINGDONG:NONGYE DASHUJU**

中国农业出版社出版

地址：北京市朝阳区麦子店街18号楼

邮编：100125

责任编辑：郑　君　　文字编辑：司雪飞

版式设计：王　晨　　责任校对：刘丽香

印刷：中农印务有限公司

版次：2021年6月第1版

印次：2021年6月北京第1次印刷

发行：新华书店北京发行所

开本：700mm×1000mm　1/16

印张：5.75

字数：150千字

定价：40.00元